遥感技术与智慧农业

YAOGAN JISHU YU

ZHIHUI NONGYE

牛鲁燕 ◎ 著

中国农业科学技术出版社

图书在版编目（CIP）数据

遥感技术与智慧农业／牛鲁燕著．--北京：中国农业科学技术出版社，2024.6. --ISBN 978-7-5116-6907-0

Ⅰ.S12

中国国家版本馆 CIP 数据核字第 2024Q615F8 号

责任编辑　白姗姗
责任校对　李向荣
责任印制　姜义伟　王思文

出 版 者　中国农业科学技术出版社
　　　　　　北京市中关村南大街 12 号　　邮编：100081
电　　话　（010）82106638（编辑室）　　（010）82106624（发行部）
　　　　　　（010）82109709（读者服务部）
网　　址　https：//castp.caas.cn
经 销 者　各地新华书店
印 刷 者　北京建宏印刷有限公司
开　　本　148 mm×210 mm　1/32
印　　张　7.125
字　　数　202 千字
版　　次　2024 年 6 月第 1 版　2024 年 6 月第 1 次印刷
定　　价　60.00 元

前　　言

随着科技的发展，农业也在不断地向更加智能化、可持续化的方向发展。遥感技术的应用，为农业智慧化发展提供了很多新的可能性和机会，在提高农业生产效益、保护生态环境、实现可持续发展等方面有着不可替代的作用。

《遥感技术与智慧农业》是一本涵盖了遥感技术应用于农业领域的农业技术书籍。本书旨在探讨农业与遥感技术的结合，以及智慧农业的发展历程和未来趋势，并通过对遥感技术在智慧农业中的应用进行深入剖析，以期为广大农业科技工作者和从业者提供技术参考和经验总结。

本书共分为五章。第一章阐述了农业作为人类生活的基石和经济发展的重要支柱，农业的发展史和面临的日益严峻挑战。为了适应人口快速增长、粮食安全、可持续发展等多重需求，农业领域需要寻求创新和技术突破。而智慧农业作为一种新型的农业生产方式，将现代化技术与农业相结合，为解决农业发展中的问题提供了新思路和解决方案。

第二章回顾了智慧农业的发展历程，介绍了智慧农业的定义及当前的发展现状。通过对现代化技术在智慧农业领域的应用历程的探索，可以深入了解智慧农业的意义和前景。

第三章重点介绍了遥感技术的发展历程，包括遥感技术的定义、基本原理以及当前的发展现状。遥感技术作为一种非接触式的数据获取技术，具有广泛的应用领域和独特的优势。还讨论了遥感技术的种类和应用领域，以及遥感技术在农业领域的发展趋势。

第四章重点探讨了遥感技术在智慧农业领域的应用。通过农作物遥感监测、农业资源环境遥感监测以及农业灾害遥感监测的案例分析，可以了解到遥感技术在农业生产中的重要作用和应用前景。

第五章展望智慧农业与遥感技术的未来。未来，我们可以期待更多创新和应用的出现，为农业生产和可持续发展带来更大的机遇与挑战。

希望通过本书的出版，能够为农业领域的从业者、研究者以及广大读者带来有益的启发，更希望本书能够为智慧农业领域的学术研究和实践工作提供帮助，并为农业的可持续发展做出贡献。

本书的出版得到了山东省重点研发计划（重大科技创新工程）项目（2021TZXD006）、山东省重点研发计划（乡村振兴科技创新提振行动计划）项目（2022TZXD0016）资助，在此表示衷心感谢。在书稿撰写中，得到了郑纪业博士和一些同行的大力支持，同时本书在撰写过程中还参考和引用了国内外相关文献。在此，谨向本书的完成提供支持单位、研究人员和相关文献的作者表示敬意与感谢。

由于时间仓促，书中难免有疏漏与不足之处，敬请读者批评指正。

著　者

2024 年 6 月

目　　录

第一章　农业的发展和面临的挑战

第一节　农业的发展史

一、人类农业的历史和演变过程

人类对农业的探索和发展始于旧石器时代，大约在 1 万年前的新石器时代的中后期，人类开始通过种植和养殖获取食物。古人类凭借自己的智慧和经验开始了农业生产，最早的农业活动主要是采集、狩猎和垂钓。但随着时间的推移，人类发现，在野外收集食物远不能满足他们的需求，因此他们开始种植灌木丛中自然生长的植物，如草莓、覆盆子和杏子。

中国古代农业的发展史可以追溯到 7 000 多年前的新石器时代晚期，到了商周时期，农业是社会经济中最主要的组成部分，也是国家收入的主要来源之一。在这个时期，中国农业已经发展出了一定的生产规模和标准化管理制度。秦汉时期开始推行均田制，为农民提供公平的土地利用权。唐代以后，农业生产逐步发展成规模化、专业化的生产活动。

在西方世界，古希腊人和罗马人以种植谷物和蔬菜为主，同时还兼顾畜牧业和渔业。在中世纪，欧洲农业制度已然盛行，到中世纪农业技术继续进一步发展，农业生产已经出现了规模化的趋势。早在公元前 300 年到公元前 200 年，罗马帝国建立了整个地中海的统一市场，这对当时欧洲的农业带来了很大的促进，丰富的土地成了当时农业生产的重要保障之一。

总的来说，人类农业生产的发展具体取决于不同国家和社会的发展、自然资源情况和技术水平的提高等因素的影响。

人类历史上迄今为止经历了四次农业革命。

第一次农业革命：发生在新石器时代，核心标志是人类发明了农业和畜牧业，从狩猎采集文明向农耕文明演变。通过有意识的研究和种植粮食作物、圈养牲畜，人类获得了稳定的食物来源，人口规模得以增长，群居村落文化得以发展。

第二次农业革命：也被称为英国农业革命，发生在 17 世纪中期至 19 世纪。促进集约化、规模化农业萌芽的圈地运动和大农场，增强土地利用效率的四轮作，提高生产效率的改良犁耕技术，促进自由交易的全国性市场，具备更高产力和营养价值的新型作物等，都是那个时期的标志性举措。这一系列生产工具和生产方式的创新和改革极大地提高了农业劳动力和土地的生产力，农业生产获得了前所未有的发展，迅速增长的人口规模和粮食供给也为工业革命打下了良好基础。

第三次农业革命：即绿色革命。发生于 1950 年左右。绿色革命依托当地电气化和机械化的工业化浪潮，将相应技术和农业生产进行结合，推动了传统农业到工业化农业的进阶，其主要的推动力包括化肥农药的使用、机械化种植的产生、水灌溉设施的完善、高产新品种的推广、现代管理技术的应用等。

第四次农业革命：也被称为农业 4.0，以现代数字技术、信息技术和智能技术在农业全产业链的使用和普及为代表。数字农业革命的概念起源最早可以追溯到 1997 年第一届欧洲精准农业大会，并将在整个 21 世纪延续和深化。

二、现代农业在经济、社会、文化等方面的发展和贡献

农业不仅对人类生存具有至关重要的意义，也为人类经济、社会发展和文化进步提供了坚实的基础和支撑。从粮食安全角度而

言，农业为人类提供了粮食等赖以生存的基本生活资料，是解决饥饿和营养问题的核心。从经济发展角度而言，农业首先为劳动力提供大量的就业机会，其次也为工业生产、商业活动、服务行业等提供了大量的原材料和消费市场。根据国际劳工组织的就业数据显示，农业和食品产业贡献了全球28%的劳动就业机会，最后，农业的发展可以带动农村地区的经济发展，提高农民的收入和生活水平。同时，现代农业可以为国家提供大量的农产品，满足国内市场的需求，也可以在一定程度上影响农业出口，增加国家的外汇收入。在社会方面，现代农业可以创造就业机会，改善农村居民的生活条件，促进城乡一体化，减少城市人口压力；从社会稳定的角度来看，农业有助于提供和形成针对大量农业人口的生产和生活环境，对于维持社会稳定具有重要作用。从生态环境角度而言，农业在促进土壤养分保障、维护生态多样性、促进植被保护、减少环境污染等方面都有积极的作用。从文化进步角度而言，现代农业不仅为体验农村生活的旅游者提供了机会，也激发了文化创意产业的发展，如农民画等特色产业的兴起。

第二节 现代农业面临的机遇和挑战

随着人口的不断增长和城市化的快速推进，农业作为人类生存的重要基石，面临着越来越多的挑战。首先，全球人口规模的不断增长意味着持续扩大的粮食需求，这对农业生产的规模化和稳定性提出了更高要求。依据联合国粮食和农业组织的报告，当前全球有8.2亿人仍处在饥饿之中，而全球人口预估将在2050年达到96亿人，粮食需求几乎呈现翻倍增长。其次，随着全球经济的高速发展，水、耕地等自然资源日益短缺，一定程度上会对农业的持续、快速、健康发展构成制约。最后，不断加剧的城市化进程、日益恶化的环境问题等都在激发关于新时期下农业产业如何发展和突破的思考。

资源短缺、环境污染、气候变化和经济问题是农业发展面临的主要难题。

一、农业面临的挑战

(一) 资源短缺和不均衡带来的困境

资源短缺和不平衡是当前农业面临的两大主要困境。这两个问题不仅直接影响着农业的生产效率和质量，也限制着农业的发展和可持续性。

1. 资源短缺问题

目前，全球许多地区的农业仍然面临着三大资源的短缺问题，即水、土地和肥料的短缺。由于全球人口的不断增长和城市化等因素的影响，这些资源的供应过程中出现了许多困难和障碍。其中，水资源的短缺和污染问题最为突出，这严重威胁了农业生产和社会发展的可持续性。

(1) 水资源短缺和污染问题。全球水资源的短缺和污染问题已经成为影响农业生产和可持续发展的主要因素之一。据世界粮食计划署的报告 (*The State of Food and Agriculture* 2020)，到 2050 年，全球面临约 5 亿人口水资源短缺的威胁。因此，加强水资源管理和保护是解决农业资源短缺问题的关键。建立灌溉系统并实施高效的灌溉技术也是解决水资源短缺和提高农业生产效率的有效途径之一。

(2) 土地资源短缺问题。随着全球人口的不断增长和城市化等因素的影响，土地资源的短缺呈现出日益严重的态势。加强土地的保护和管理，推行土地资源的优化配置，以及通过新型农业种植技术提高土地利用率等方法，都是有效解决土地资源短缺的途径。

(3) 肥料资源短缺问题。肥料是农业生产中至关重要的资源之一，但是全球的肥料资源面临短缺的问题越来越突出。通过推行绿色肥料技术和精准施肥技术等方法可以解决肥料短缺的问题，并且提高农业生产效率，同时保护土壤生态环境。

2. 不平衡问题

不平衡是指在人、资、地、产、市等一些方面存在着不平衡的状态。在当今农业的生产实践中，就存在着不同地区、不同社会群体之间的不平衡问题。例如，城市与农村之间、富裕地区与贫困地区之间的资源和收益的不平衡，这种不平衡对农业和社会生态系统均会造成重大的冲击。同时，也会导致土地资源浪费、生态环境破坏、资源浪费等问题。

（1）城乡不平衡问题。城乡发展不平衡问题在全球范围内普遍存在，这种不平衡问题在农业生产中也会造成许多困境。针对这种不平衡状况，可以采取一系列措施进行治理和调整，如通过扶持和引导农民就业和创业，加强农村基础设施建设，推动农业产业的转型升级等。

（2）区域不平衡问题。全球农业发展面临的另一个不平衡问题是区域不平衡问题。例如，一些富裕地区的农业生产条件较好并能获得更多的资源投入，但是很多贫困地区的农民却缺乏资源和技术支持。对于这种问题，可以加大对贫困地区的扶贫力度和资源投入，推动区域协同发展，加强人才和技术支持，提高贫困地区农业的产出和效益。

为了应对农业面临的这些挑战，需要考虑以下解决方案：①加强资源共享和合理配置，推动资源的加工利用，促进资源的绿色循环。②建立健全的资源管理机制和政策，防止资源过度开采和消耗，加强农业的生态育种和生态种植。③积极提高公共财政的农业投入力度，推动区域平衡发展，促进农村贫困地区的发展。

（二）环境污染和生态破坏对农业的影响

1. 土壤污染对农业的影响

土壤污染是一种严重的环境问题，对农业生产的影响尤为显著。受污染土壤的影响，作物的生长发育会受到限制，产量降低，物种多样性减少，同时污染物会经过食物链传递，对人体健康造成危害。

2. 水污染对农业的影响

水污染是一种跨界的环境问题，在全球范围内都存在。受污染水体的影响，灌溉水质下降，影响作物生产；同时，水中污染物会在作物中积累，影响人们的健康。

3. 空气污染对农业的影响

空气污染对农业产生的影响也越来越显著。空气污染会影响植物的光合作用和呼吸作用，导致作物生长不良、减产死亡等问题。此外，空气中的污染物也会制约人们的健康和生产工作。

4. 生态系统破坏对农业的影响

随着人类活动的不断扩张，许多自然生态系统遭受了破坏、退化，其对农业带来的潜在危害也在逐步凸显。生态系统的破坏不仅会给生态环境带来不可逆转的破坏，还会影响农业生产，如灌溉水源的缺乏、污染、农田退化，捕捞量的减少等，也会对渔业产生影响。

（三）气候变化和自然灾害对农业的威胁

1. 气候变化对农业的威胁

气候变化是当前全球面临的重大环境问题之一，对农业的影响非常显著。气候变化会导致气候异常、极端天气频繁发生，降水量和温度等因素的变化也会对作物生产造成重大影响。一些地区可能会面临水源不足的挑战，而另一些区域则会面临洪灾和干旱这样的极端天气事件。这些变化会导致农业生产任务的不确定性和风险增加，而对农民的收入和食品供应也会造成严重影响。

2. 自然灾害对农业的威胁

不可预测的自然灾害如洪水、干旱、暴风雨等也会对农业产生很大的威胁。这些自然灾害可以摧毁当地大量的农作物，造成农民的生活和财产损失。特别是洪灾和干旱，也是农业逐年遇到的重大问题。洪灾可以淹没作物、破坏灌溉系统和农场土地，干旱会导致土地耕地质量的下降，使农民的生计受到打击，而这些都会对整个社会的粮食供应和经济造成影响。

二、农业面临的机遇

农业面临挑战的同时也蕴含着巨大的机遇，科技的发展、市场需求变化、环境保护以及全球化的机遇将推动现代农业技术的发展。

（一）科技进步

1. 高效生产

科技的应用使农业生产更加高效。农业机械化和自动化技术的引入，提高了农业生产的效率和产量。例如，农业机械设备如拖拉机、播种机、收割机等，将人工操作转变为机械操作，大大减轻了劳动强度，提高了种植和收割的效率。

2. 智能农业

随着信息技术的发展，智能农业逐渐成为现实。传感器、遥感技术等可以收集农田中的环境数据，帮助农民更好地管理作物的生长环境，提供精确的灌溉、施肥和施药控制。此外，人工智能和大数据分析等技术也可以通过算法预测疾病、害虫和气候变化对农作物的影响，提供决策支持。

3. 品种改良

通过基因工程技术和遗传育种的进展，科学家能够在短时间内培育出抗病虫、耐旱、高产等特点的优质农作物品种。这些新品种提高了作物的产量和抗性，减少了病虫害对农作物的影响，并帮助农民降低农药和化肥的使用。

4. 精准农业管理

利用全球定位系统（GPS）、无人机和卫星图像等技术，农民可以准确了解土壤质量、作物生长情况和虫害情况等信息。这使农民能够制订更准确的农业管理计划，并实施针对性的措施，提高资源利用效率和农作物质量。

5. 农业的可持续发展

科技进步也促进了农业的可持续发展。例如，通过生物技术和生态农业的应用，可以利用无化学农药的种植方式，减少环境污染和土壤退化，提高土壤肥力和农作物的品质。

科技进步对农业的影响是多方面的，包括提高生产效率、减小劳动强度、改良农作物品种、提供精准农业管理、促进可持续发展等。这些技术的应用有助于满足不断增长的食品需求，提高农民的生活水平，减少对环境的负面影响，并推动农业现代化的发展。

（二）市场需求和消费趋势的变化

1. 食品安全和可持续发展

（1）消费者对食品质量和安全的关注。消费者对食品质量和安全的关注，实际上是对生活品质与健康保障的追求。

首先，消费者对食品质量的关注，往往源于对食材新鲜度、口感、营养价值等方面的追求。随着生活水平的提高，人们不再满足于简单的饱腹，而是更加注重食品的品质和口感。例如，对于蔬菜和水果，消费者更偏好于选择新鲜、无农药残留的；对于肉类，则更看重其口感和营养价值。

其次，食品安全问题也是消费者关注的重点。近年来，食品安全事件频发，如毒奶粉、瘦肉精、地沟油等，这些事件不仅给消费者的身体健康带来了严重威胁，也严重损害了消费者的信心。因此，消费者在选择食品时，会更加关注其生产过程和来源，以确保食品的安全性。

最后，消费者对食品质量和安全的关注还与其健康意识有关。随着健康知识的普及，人们越来越意识到饮食对健康的重要性。因此，在选择食品时，消费者会更加注重其营养成分和是否含有有害物质，以维护自身的健康。

（2）可持续农业生产的兴起。农业可持续发展是指在满足当前和未来人类需求的同时，通过优化农业资源的利用和保护，达到维持生态系统平衡和保护自然资源的最佳状态，同时提高社会经济效益的一种农业发展方式。其核心目标在于保障生态环境的可持续性，促进农村社会和经济的可持续发展。农业可持续发展包括3个方面的目标,即经济、社会和环境的可持续发展。

首先,农业可持续发展通过优化农业资源的利用和保护,提高农业经济效益,为农民创造良好的生产和生活条件。

其次,农业可持续发展需要充分考虑社会可持续发展的要求,培养和保障农村社会职能,提高农民的生产技能和社会责任感,促进农民的自我发展和社会参与,实现农村社会和谐稳定。

最后,农业可持续发展需要充分保护和管理生态环境,充分考虑生态环境的可持续性,最大限度地保障自然资源保护和利用,遏制生态环境破坏,实现人与自然和谐共生。

2. 新兴市场和消费趋势

新兴市场和消费趋势对农业发展带来了重要的影响,具体包括以下几个方面。

(1) 中国及其他新兴经济体市场的需求增长。随着新兴市场经济的快速发展,人口数量庞大的国家如中国、印度、巴西等对农产品的需求不断增长。这些国家中的中产阶级和城市人口不断增加,他们对高品质、健康、安全的食品需求日益增长。这为农业生产提供了巨大的市场机会,农业企业可以针对新兴市场的需求调整产品结构,提供高品质的农产品。

(2) 高端农产品和有机农产品的市场机会。随着人们对食品安全和健康的关注度增加,对高品质、有机、无农药残留的农产品的需求也在不断增加。这种消费趋势使得高端农产品和有机农产品成为新兴市场中的潜在机会。例如,有机食品、特色农产品、优质水果和蔬菜等,在新兴市场中拥有广阔的市场前景。

(3) 农产品加工和价值链延伸。新兴市场中的消费趋势推动了农产品加工和价值链延伸的发展。人们对方便、健康的农产品加工食品的需求不断增加,促使农业企业将关注点从传统的农产品销售转移到加工和包装领域。通过加工,农产品的附加值得到提升,农民的收入也有望提高。

(4) 农业科技合作与知识交流的推动。新兴市场对农业科技合作和知识交流的需求也越来越高。这些国家中的农业发展水平相对较低，需要引进先进的农业技术和管理经验。同时，新兴市场国家也在积极探索适应本国国情的农业科技创新和转化。这种合作和交流促进了农业科技的进一步发展，推动了新兴市场农业的现代化和提质增效。

总之，新兴市场和消费趋势对农业发展带来了重要的影响，推动了农产品的多样化、优质化和差异化，提供了市场机遇。农业企业应紧跟时代潮流，结合新兴市场和消费趋势，调整产品结构，提供符合市场需求的农产品，并在科技合作和知识交流方面发挥积极作用，促进农业的可持续发展。

（三）农业与生态环境保护

农业与生态环境保护密切相关，农业对生态环境的影响直接关系农业的可持续发展。

1. 生态农业的兴起和发展

生态农业是一种以保护和改善生态环境为导向的农业生产方式。它注重生态系统的平衡和可持续利用，通过合理的农事措施和农业循环利用来减少对环境的污染和破坏。生态农业注重生态系统的综合效益，包括土壤保护、水资源保护、生物多样性保护等。

为了促进生态环境和农业的可持续发展，政府出台了一系列农业环境保护政策。这些政策包括建立生态农业示范区、推行有机农业认证制度、提供农业环境保护补贴等，以鼓励农民采用生态友好的农业生产方式。政府还加强了农业环境监测和安全检测，加强了农业废弃物处理和资源回收利用。

2. 能源和资源利用的优化

（1）农业生产中的能源利用与节约。农业生产过程中的能源消耗主要包括燃料、化肥、农药等。为了优化能源利用，农业可以采用先进的技术和设备，如高效灌溉系统、节能型农具等，以减少能源的浪费。此外，可利用替代能源，如太阳能和风能等，用于农业生产过程中的能源供应。

（2）水资源管理和保护。农业对水资源的需求非常巨大，因此水资源管理和保护对农业发展至关重要。农业可以采取一系列措施，如提高灌溉效率、推广滴灌和喷灌技术、减少土壤水分蒸发、改善水质和保护水源地等，以减少对水资源的浪费和污染。

生态环境保护对农业发展的影响是全面的。首先，它有助于保护农田的土壤质量，减少土壤退化和污染，提高农作物的产量和品质。其次，生态环境保护为农业提供了更好的生态服务，如水源保护、涵养水源、减少土壤侵蚀等，有利于农业生产的稳定和持续发展。此外，生态环境保护还可以促进农业的差异化和特色化发展，为生态农产品的生产和销售提供市场机会。

农业与生态环境保护密切相关，生态农业的兴起、政策的推动以及能源和资源利用的优化等都对农业发展产生积极影响。农业产业应积极采取环保措施，减少对生态环境的负面影响，实现农业的可持续发展。同样，政府和社会各界也应加强对农业环境保护的支持和合作，为农业产业的可持续发展创造良好的环境。

（四）农业供应链和全球化的机遇

农业供应链的发展和全球化的机遇对农业发展具有深远而积极的影响。

首先，全球化使农产品国际贸易得以迅速发展。由于国际市场对于农产品的需求量不断增加，农民和农业生产者可以通过出口来扩大市场份额，增加收入。国际市场的开放为农产品提供了更广阔的出口机会，同时也使农产品的价格更具竞争力。

其次，贸易自由化和贸易壁垒的减少对农产品的影响显著。贸易自由化可以带来更加开放的市场环境，降低贸易壁垒，促进农产品的跨国贸易。这意味着农业供应链可以更顺畅地实现跨国运输和交流，农产品可以更容易地进入国际市场。同时，农产品进口的贸易壁垒也相应减少，给予本国农业更多的机会来进行出口贸易。

农业供应链的优化和创新也是农业发展中的重要因素。

首先，农产品物流与运输技术的提升可以有效降低运输成本、减少损耗和保持产品的新鲜度。使用现代化的冷链技术，农产品可以在运输过程中保持高质量，适应国际市场需求。此外，农业供应链的数字化和信息化也可以提高供应链的可追溯性和管理效率，保证农产品的品质和安全，进一步加强品牌形象和市场竞争力。

其次，农产品质量控制和品牌建设也是农业供应链优化的重要方面。全球化带来了对农产品的更高要求，消费者对于食品安全和品质保证的关注度不断增加。因此，农业供应链需要强调农产品的质量控制，确保产品符合国际标准和贸易要求，以获得消费者的信任。同样重要的是，通过建立品牌形象，提高产品附加值和溢价能力，农业供应链可以更好地适应全球市场需求，增加农产品的市场份额。

总而言之，农业供应链和全球化的机遇为农业发展带来了诸多机会。通过开拓国际市场、降低贸易壁垒、优化供应链和加强质量控制，农业可以更好地适应全球化的趋势，提升竞争力，实现可持续发展。这将为农民和农业生产者带来更广阔的发展机会，同时也将促进全球食品安全和农业可持续发展的目标的实现。

本章参考文献

陈满，金诚谦，倪有亮，等，2018. 基于多传感器的精准变量施肥控制系统 [J]. 中国农机化学报，39（1）：56-60.

梅安新，彭望禄，秦其明，等，2001. 遥感导论 [M]. 北京：高等教育出版社.

吴文斌，史云，段玉林，等，2019. 天空地遥感大数据赋能果园生产精准管理 [J]. 中国农业信息，31（4）：1-9.

FAO, 2018. The State of Food Security and Nutrition in the World: Building Resilience for Peace and Food Security [R]. Rome.

GOEDDE L. HORII M, SANGHVI S, 2015. Global agriculture's many oppotunities [J]. Mckinsey on Investing (2): 62-64.

ILOSTAT, 2019. Employment database [R]. Geneva: International Labour Organization.

LOMBARDO S, SARRID, CORVO L, et al., 2017. Approaching to the Fourth Agricultural Revolution: Analysis of Needs for the Profitable Introduction of Smart Farming in Rural Areas [C]. In CEUR Workshop Proceedings. International Conference on Information and Communication Technologies In Agriculture, Food and Environment, HAICTA2017.

ROSE D C, CHILVERS J, 2018. Agriculture 4.0: Broadening responsible innovation in an area of smart farming [J]. Frontiers in Sustainable Food Systems, 2: 87.

UN DESA, 2017. World Population Prospects: Key findings and advance tables [M]. New York: UN DESA.

第二章　智慧农业发展历程

第一节　智慧农业的定义及发展现状

一、智慧农业的基本概念和特点

（一）基本概念

"智慧"一词出自《墨子·尚贤》，是指快速地正确认识、判断和发明、创造事物的能力。智慧农业的概念是在"精准农业"的基础上逐渐形成的，指立足农业发展的整体性，将互联网、物联网、云计算、大数据、人工智能等现代信息技术与农业深度融合，从而实现农业数据实时采集、农业生态环境实时监测、农业生产要素精准投入、农业生产过程定量决策与智能调控等功能的新型农业生产模式。得益于数字经济的发展，自动驾驶、机器学习、机器人、图像识别等人工智能核心技术向农业领域的渗透率不断提高，部分新型职业农民开始将智能融入作物长势监测、租赁农机、耕地播种、病虫害识别诊断、产量预测等生产活动中。

当前，互联网、物联网、人工智能、大数据、云计算等新一代信息技术正推动我国社会进入万物智联新时代，在农业领域则是推动了智慧农业的发展。

多年来，中央一号政策文件大力支持农业发展，智慧农业相关概念多次被提及，标志着发展智慧农业已被纳入国家顶层设计。2021 年 4 月，全国人民代表大会常务委员会通过《中华人民共和国乡村振兴促进法》，首次将"智慧农业"写进法律（第十六条国家采取措施加强农业科技创新，培育创新主体，构建以企业为主体、产学研协同的创新机制，强化高等学校、科研机构、农业企业创新能力，建立创新平台，加强新品种、新技术、新装备、新产品研发，加强农业知识产权保护，推进生物种业、智慧农业、设施农业、农产品加工、绿色农业投入品等领域创新，建设现代农业产业技术体系，推动农业农村创新驱动发展），明确指出国家要采取措施推进智慧农业等多个领域的自主创新，促进乡村产业振兴。2022年2月，农业农村部印发《"十四五"农业农村信息化发展规划》，从智慧种业、智慧农田、智慧种植、智慧畜牧、智慧渔业、智能农机和智慧农垦7个方面部署了发展智慧农业的具体任务，以期2025年智慧农业发展迈上新台阶。在智能化已成为我国农业产业发展新方向的背景下，智慧农业将为现代农业的发展带来革命性的技术创新，为农业的可持续发展和乡村振兴战略的实现提供重要路径，"智慧"的力量亟待注入。

（二）智慧农业的特征和目标

智慧农业就是充分应用现代信息技术成果，集成应用计算机与网络技术、物联网技术、音视频技术、3S技术、无线通信技术及专家智慧与知识，实现农业可视化远程诊断、远程控制、灾变预警等智能管理。传统农业模式在可耕种土地资源不断减少、世界人口增加、人口老龄化加剧、自然灾害和恶劣环境等的情况下，远不能满足和适应农业的可持续发展需要。尤其是农产品的质量安全问题，农业生产资源逐步衰竭，农业生产过程中对环境的污染，人们对农副产品种类和品质的多样化，口感、营养等方面的要求不断提升等诸多问题，都会使农业发展陷入恶性循环；而智慧农业正是基于传统大肥大水粗放式种、养、管、产、销的发展缺陷，利用数字技术、互联网技术、现代机械化技术、人工智能、基因重组等先进技术，为现代化农业发展提供一条光明之路。智慧农业和传统农业相比，最大的特点就是以高新技术进行精准种、养、管、收、产、销，用人工智能和高新技术保证对资源的最大节约，提供更多更优的农副产品，取得更大更好的经济效益。

1. 智慧农业的特征

（1）精准农业。在智慧农业中，农业生产过程全面、精准地进行监控和管理，借助现代信息技术实现在种植、施肥、灌溉、植保等各个环节的自动化、精准化。通过开发高科技的传感器网络和数据处理技术进行实时监测和数据分析，为农业生产提供科学化的经营决策支持。

（2）系统化生产。智慧农业实现了对种植、养殖、加工、销售等环节的全面监测和管理，采用互联网技术、大数据技术等信息技术手段，从而实现生产全链条的可追溯性，降低生产成本和风险。

（3）绿色发展。智慧农业注重农业生态环境的保护，在保障农产品质量和安全的前提下，利用生物制剂、绿色化肥、生物农药等绿色农业技术，实现农产品的绿色生产和生态循环利用，保护大自然环境，降低农业对环境的污染和破坏。

（4）现代化管理。智慧农业推进农业管理的现代化，采用数字化、网络化、智能化等技术实现信息触类旁通、快速反馈、可视化展示等优点，建立高效、透明、开放的农业管理体系。

（5）多元化经营。智慧农业打破传统的单一经营模式，提倡多元化经营，充分利用互联网技术和电商渠道，加强农产品销售和营销，发展农村旅游和生态农业等产业，提高农产品附加值和市场竞争力。

2. 智慧农业的目标

（1）提高农业生产效率和质量。智慧农业可以实现农业生产全链条的数字化管理，进一步提高生产效率，并降低资源浪费和生产成本，加强对农产品质量和安全的把控，满足人们对优质、绿色、安全农产品的需求。

（2）促进农业可持续发展。智慧农业注重农业生态环保，降低农业对生态环境的破坏和污染，实现农业资源可持续利用和农业生态系统的平衡发展。

（3）发展智能化农业。智慧农业实现农业的信息化、数字化和智能化，促进科技创新、农业生产的智能化转型，提高农业产业的科技含量和竞争力。

（4）推动农村经济发展。智慧农业可以带动农村经济转型升级和农民增收致富。发展智慧农业，可以推动乡村振兴和现代农业产业体系的构建，促进农村经济的繁荣和人民生活水平的提高。

（5）保障国家粮食安全。智慧农业可以提高农业生产效率和质量，推进农业现代化和科技创新，保障国家粮食生产能力，维护国家粮食安全和人员的基本生活需求。

（三）智慧农业的技术支撑

传感器技术是信息技术的三大支柱之一，全球定位系统是当今世界航天航空技术、无线电通信技术和计算机技术的综合结晶，二者共同作为智慧农业的核心技术。智慧农业作为现代信息技术革命红利下探索出的一种新型农业现代化发展模式，目前尚处于起步发展阶段。全球定位系统（Global Positioning System，GPS）可为地球表面近98%的地区提供实时定位和精确授时，从而实时跟踪土壤水分、肥力等作物生长环境及杂草、病虫害、作物产量等空间分布数据，辅助农业生产中的播种、灌溉、施肥、病虫害防治工作。此外，在农业机械上安装GPS系统还能为农机作业提供高效的导航信息，实现变量作业，与全球定位系统与遥感技术（Remote Sensing，RS）、地理信息系统（Geographic Information System，GIS）统称为"3S"技术，三者共同实现数据监测功能，具体而言，数据来源依赖于遥感和全球定位系统，而获取的数据又通过地理信息系统进行存储、管理和处理。

农业传感器包括智能农机装备传感器技术、农用无人遥感传感器技术和农业物联网传感器技术，其中农用无人遥感传感器技术与全球定位系统差分定位技术结合可快速获取空间遥感数据，并完成一系列处理和分析。常见的农业传感器包括温度传感器、湿度传感器、光照强度传感器等，可为农作物的种植、生产、监测、抗灾减灾提供重要数据，有效提高农业综合效益。陈满等开发设计了基于多传感器的精准变量施肥控制系统，该系统利用 GPS、光谱信息、速度、转速、温湿度以及光照强度等传感器采集信息。赵博等开发了一套基于 IMM-UKF 算法的冲量式测产系统以提高农田产量检测的精度。冲量传感器模块上传的数据将与北斗定位模块提供的实时地块位置信息和加速度传感器采集信息进行数据滤波融合，得到相应地块的实时粮食产量。

（四）智慧农业的应用与效应

从智慧农业的应用来看，智慧农业的应用场景包括智能施药、智能监测、智能溯源等。在应用过程中，始终贯彻绿色发展理念和"现代智慧生态农业"的基本方略。变量施肥可大大减少化肥用量，实现农业节本增效，促进生态农业发展；发展智慧农业能够监测病虫草害，解决农药滥用问题，从而提高农产品质量；同时，智慧农业利用互联网、二维码等技术，构建农产品从田间到餐桌的全程可追溯体系，保障农产品质量安全。

从智慧农业的效应来看，发展智慧农业是实现农业农村现代化、农业可持续发展和乡村振兴的重要抓手。加快推进农业现代化的根本途径是转变农业生产方式，而智慧农业是一种高度依赖物联网、人工智能、云计算等技术的新型农业生产方式。

当前，我国农业发展面临着农产品价格"天花板"封顶、生产成本"地板"抬升、资源环境"硬约束"加剧等多重制约，亟须发展智慧农业，加快转变农业发展方式。此外，智慧农业作为现代信息技术与农业深度融合的新兴领域，是推动乡村振兴的重要动力。

首先，智慧农业通过作用于农业这一特定产业的全产业链，激发产业振兴活力。其次，在大数据背景下，智慧农业可以通过平台和系统提供远程指导，缓解农村人才短缺的问题。同时，信息和技术资源的共享降低了培养高素质农民的成本，为人才振兴带来了机遇。再次，智慧农业通过监测、预测预警、防治决策等智能控制和管理手段，改善生态环境、促进农业高效、绿色、高值发展，为生态振兴奠定基础。最后，智慧农业利用现代信息技术彻底改变了传统农业"靠天吃饭"和散、乱、小的无序低效状态，促进农民富裕富足。

二、智慧农业发展现状

（一）国外研究现状

世界各国将推进农业信息化和智慧农业作为实现创新发展的重要动能，在前沿技术研发、数据开放共享、人才培养等方面进行了前瞻性部署。美国、欧洲和日本等国家和地区抓住数字革命的机遇，纷纷出台了"大数据研究和发展计划""农业技术战略"和"农业发展 4.0 框架"，将信息技术广泛应用于整个农业生产活动和经济环境，建立了完善的覆盖感知采集、加工处理、分析决策、信息服务等全链条、全领域的智慧农业技术体系，加快推进智慧农业发展，激活数字经济，极大地提高了国家农业国际竞争力。

从技术研究看，美国、澳大利亚和日本等发达国家借助遥感网、物联网和互联网等，将数据采集系统、分析处理系统和高性能技术系统等互联互通，实现大田种植生长环境的多角度、全范围监测；欧盟在作物类型精细识别、农作物苗情、墒情和灾情等农情信息快速获取、基于物联网和云技术的农业生产智能服务和决策平台等方面研究取得了大突破，实现了生产决策从原来的主观经验决策到利用智能技术决策的转变；荷兰、以色列设施园艺方面取得了举世公认的研究成果，尤其在动植物长势监测、设施环境监管、病虫害预报、精细施肥和灌溉、动态仿真模拟等方面研究处于世界领先地位。通过设施内高精度环境控制，植物工厂技术大幅提高农业资源效率，实现作物周年连续生产的高效农业系统。从应用领域看，美国针对蔬菜和果品产业建立了完善的信息监测和服务网络，服务于蔬菜和果品生产管理和精细化耕作以及果菜废弃物还田循环利用；英国和法国建立农业大数据体系，促进精准农业发展；荷兰、以色列、德国致力于发展蔬菜和果品智能机械和装备，提供智慧农业综合解决方案；日本50%以上农户使用物联网技术，提高了农业生产效率；美国、日本、新西兰、德国和意大利等以提高产量和降低成本为导向，以提高果农和菜农生产效率为目标的采后监测统计、分析决策、智能控制应用处于全球领先水平。

（二）国内研究现状

我国2012年开始提出和普及"智慧农业"新概念。近年来，智慧农业研究受到国内科研院校和学者的高度关注，呈现多层次化、多系统化发展。从总体上看，我国东部经济发达地区研究热度高，尤其是江浙、京津、东三省等区域，而西部地区的研究热度总体偏低。

从技术研发看，智慧农业研究核心技术包括感知、传输、分析、控制等方面。从传感器研发看，目前智慧农业应用以物理传感器为主，感知内容包括生长环境、土壤理化、水环境理化以及对象本体等方面。其中温度传感器、湿度传感器、光照强度传感器、CO_2浓度传感器是使用最广泛的几种传感器。数据的安全高效传输是智慧农业发展的关键，目前智慧农业中的传输方式主要包括有线通信传输、无线通信传输及无线传输与有线传输结合等。围绕数据分析和挖掘，模拟模型、统计分析、聚类分析、决策树、关联规则、人工神经网络、遗传算法等大数据技术开始应用于产量预测、生长过程和环境优化控制等。新兴的云计算具有强大的计算能力，能够最大程度地整合数据资源，提高农业智能系统的交互能力，在智慧农业研究中越来越受到重视。我国智慧农业自动控制系统技术方案主要有基于单片机、PLC控制系统、基于嵌入式系统的控制系统、基于云平台技术的控制系统等。

从应用服务领域看，目前智慧农业研发主要集中在大田种植、设施园艺、水产养殖、智能机械等生产领域。设施园艺是应用最为广泛的领域之一，包括温室大棚、园艺种植、植物工厂等，已经研发构建了智能设施农业环境监测系统、生产管理控制系统及视频监控系统等。水产养殖研究大多集中在利用无线传感器实现对水体的pH值、浑浊度、溶解氧以及水位等养殖环境的实时监测、数据监测及设备调控等功能。智能机械也是发展智慧农业的重要组成部分，目前智能农业车辆、智能施肥机、精密播种机、智能采摘机、农业机器人等取得很大的进展。

1. 农业基础设施尚待改善

在我国大农业中，各项农田设施欠缺，国家虽然每年投入巨资进行标准化农田建设，但大部分大田面积仍旧供水保水困难。尤其是我国土壤结构复杂多样，土地性状在短时期内难以达到智慧农业所需要的硬性要求，由于几千年传统农业的耕整、播撒，导致小农户相对分散，田间所需的传感设施、监控设备等基本为零，更别说是远程传输系统和智慧平台，在目前大农业中几乎是一片空白。以江汉平原为例，智慧农业需要种植面积相对集中、土地平整辽阔且土壤酸碱性相似，种植作物属性、科目类别及生长周期等基本相同，且对机耕道路、供排水等硬件设施要求较高；江汉平原江河纵横、湖泊沟渠众多，目前种植养殖交叉，种植作物品种多但面积小，而水产养殖又插花于农作物之中，加之基本农田的水利设施严重老化破损，都极大地阻碍了智慧农业的快速发展。

2. 机械化设施急需改造升级

在我国农业生产中，先进机械设备不足，如果没有现代机械和智能做支撑，智慧农业基本是纸上谈兵，机械化普及是智慧农业的关键所在。目前，我国机械化普及率虽然达到85%以上，但机械服务主要用于耕整、播种和收割，尤其是这些机械设备购入较早，损耗老化严重，加之无智能接口，根本无法满足智慧农业的需求；而农业机械更新换代迅速，各厂家没有统一预留智慧接口，都极大地制约了智慧农业的发展。

3. 遥感设施和观测设施缺失

通过卫星云图进行各类数据分析和农业气象预报，可以提前预知气象情况和灾害预警，但却无法避免由于恶劣气候和自然灾害造成的农业设施和农作物及农副产品的损失，现代人工智能只能减少而不可能完全避免自然灾害对农作物以及对各种设备设施的损害。智慧农业需要可覆盖的遥感传输和监控观察系统以及现代化信息与互联网技术支持，可以根据时间、空间、定位、定时、定量在人工智能指挥下进行巡飞巡察，实时监控大田作物生长情况，以便进行智慧决策。但目前所有大田作物的遥感和监控系统几乎是零基础，而购买、安装、调试、使用这些设备还需要较长的时间，这种现状极大地延缓了智慧农业的发展。

4. 实际农业人员年龄结构严重老化

智慧农业需要大量专业型、复合型人才，既要会远程操作各类传输分析系统，又可在近处进行无人机和无人拖拉机的遥控操作技能。但在目前实际农业生产中，主要人群为 50 岁以上的老人，要求其重新学习并进行知识更新换代以胜任农业智能化操作，这是极为困难的一件事，因此极大地影响了智慧农业的发展。

5. 专业性智慧农业人才缺乏

智慧农业从业人数尤其是专业技术人员短缺，从机械支撑、数字技术到智能技术，都需要专业人才的操作。目前，我国各高校院所虽然都开办了智慧农业专业和培训班，培养了大批的专业人才，但离所需人才数量还有巨大的缺口，尤其是所培养的人才过度书本化、过度理论化，缺乏实操能力，特别是对农业中的种植养殖、加工销售等实际情况了解偏少。智慧农业目前是个高投入、低回报的行业，以工业化的手段和投资来运作农业，在短期内难以得到回报，金融和相关主体对智慧农业投资谨慎，也限制了智慧农业中各种必要硬件设施和装备的购入，制约了智慧农业的快速发展。

三、山东智慧农业发展的现状、问题及对策研究

智慧农业是在现代信息技术革命的红利中探索出来的农业现代化发展的新模式，是集集约化生产、智能化远程控制、精细化调节、科学化管理、数据化分析和扁平化经营于一体的农业发展高级阶段。智慧农业在推动农业生产精细化、高效化和可持续发展方面具有无可替代的作用。现代农业生产的发展绕不开智慧农业，尤其在全国农业占比较大的几个省份，发展智慧农业显得尤为重要。山东省向来重视农业的发展，山东省 2021 年粮食总产量为 5 500.7 万 t，位居全国第三，其粮食自给率达到了 135.4%，在满足省内人口当量的同时，还能供应输出到其他缺粮的省市。

（一）山东省智慧农业发展的现状

（1）智慧农业规模。现阶段，智慧农业产业已在全省开始推广，济南、潍坊、威海、济宁和德州等多地先行来试，重点打造了一批物联网应用示范项目，如济南市现代农业产业园、青岛市绿色硅谷和潍坊市现代农业产业园等。山东省大力推广淘宝村、淘宝镇的建设，农业农村电子商务发展迅速，交易额逐年大幅度增长。此外，多个中西部地区开展智慧农业生态文化旅游，促进农村经济结构发展，助力乡村振兴。总而言之，智慧农业的成长潜力极大，其规模也在持续扩张中。

（2）智慧农业相关支持产业与基础设施建设。智慧农业的发展离不开相关产业的支持。近年来，我国高度重视宽带网络的普及工作，特别在信息相对滞后的农村及郊区，基本实现了"村村通宽带"。此外，随着科学技术不断进步，各种科技产品不断被研发并应用到农业生产当中，例如无人机灌溉和物联网实时监测的应用，使农业生产节省更多人力物力的同时，大大提高了农作物的产量。目前，山东省建设了大批智慧化的农业生产示范基地，投入了大量的资本研发农业高新技术产品。山东省智慧农业逐渐向规模化、高效化和经济化方向发展。

（3）智慧农业新技术应用。目前是传统农业向现代化农业转变的关键阶段，连续几年来，政府一直积极倡导智慧农业的发展，以物联网技术为基础的智慧农业将会成为未来农业发展的主流。如通过自动控制及调节大棚内部的温度，使农作物能够长时间处于适宜生长的温度环境中的大棚室内控温技术，以及实时监控农作物在不同生长阶段的土壤参数，通过远程端来诊断农作物所出现的问题的大田种植信息化技术，还有借助智能化的计量系统，按照实际农田面积对灌溉水进行计算的农业灌溉技术，这些都是物联网技术在农业上的应用。

（4）智慧农业经济效益。随着我国智慧农业经济发展进程不断推进，智慧农业在农业经济增长中的促进作用越来越显著，一方面通过智慧农业对农作物各个生长阶段的精准调控，提高了农作物的品质，大大降低了生产成本；另一方面智慧农业不仅融合了先进的科学技术，还融入了绿色环保的理念，从整体上提升了农业生产环境，降低了过度使用化肥等化学肥料对土地的污染，使整体生产环境形成良好的生态循环。逐渐成为缩短城乡经济差异，促进农村农业产业化、现代化和绿色化发展的重要举措。

（二）山东省智慧农业发展存在的问题

（1）资金制约。从总体上看，一方面，山东省智慧农业还处在起步阶段，基础设施建设不健全，高端科技产品更新缓慢，无法形成规模经济，其建设生产成本高，回流慢，拖缓了智慧农业发展的脚步；另一方面，智慧农业在山东省的宣传力度不够，导致企业家和基层群众对智慧农业知之甚少，所以投资热情不高，政府融资困难，无法落实基础设施的建设。

（2）人才制约。智慧农业领域人才的匮乏对智慧农业的发展影响很大。当前山东省各县市区农业从业人员学历水平普遍不高。年轻人外出工作导致留守农民年龄较大，且主要是老人和女性，他们几乎不了解或不应用互联网，缺乏现代化的农业生产知识；农业生产老龄化问题逐渐严重，从事农业生产的年轻人少之又少；与此同时，我国当前职业农民教育体系还未建立，具备智慧农业生产知识的高素质人才十分稀缺，新生代农民教育培训机制亟待健全。

（3）生产规模制约。当前，农村产业发展多属小规模的相互分散经营方式，农业生产规模化技术水平不高。加上我国传统农业长期实行家庭联产承包责任制，农业生产主体形象以势单力薄的小农户为主，土地多分散在农户手中，导致劳动力不足且转移困难。土地流转的不简洁制约了我国农业现代化发展进程，阻碍了智慧农业发展的投资规模。

（4）政策不健全。政府是推动智慧农业发展的主体，智慧农业的发展离不开政府政策的支持。目前，政府在农业政策上的作用相对模糊，并且政府未能整合市场上现有的农业资源，未将农业基础设施和资金筹集有效衔接起来，形成规模化体系。另外，地方政府缺乏对本地乡村智慧农业的宏观指导和规划，本地政府对农业往往采取听之任之的方法进行管理，不能有效引导农民学习和利用先进技术。除此之外，政府也缺乏对于智慧农业相关企业的引导，未能集合各方力量，实现整合资源，这些都制约着智慧农业发展的速度和规模。

（三）国外及其他省份智慧农业的经验

随着科技的不断发展，各种农业科技产品不断推出，国外农业发展迅速，加上政策的大力支持，一些农业公司抓住机遇，通过将大数据与农业应用相结合的方式，已形成成熟的智慧农业体系，有许多值得借鉴的经验。

（1）正确的政策引导。美国作为当今世界经济科技最发达的国家，很早便开始发展智慧农业并出台了很多政策支持；美国从20世纪60年代开始先后出台了《1996年联邦农业完善和改革法》《2002年农业安全与农村投资法案》等多部法律法规来促进智慧农业的发展，为智慧农业在法律法规方面铺平道路。除此之外，通过实施"国家信息基础设施计划"等相关企划，为智慧农业的发展提供了强有力的政策支持。因此，正确的政策引导对智慧农业的发展起到保护作用，以吸引更多人关注智慧农业。

（2）完备的科技体系。相较于国内而言，美国农业的特点突出一个"大"字，一方面是因为美国的国土面积广阔，另一方面是因为美国农业采取集成式发展，形成规模经济，节约了成本，还提高了生产效率。而荷兰是欧洲的一个小国家，本土面积只有 4 万多平方千米，但荷兰却是仅次于美国的第二大农业出口国。荷兰是一个鲜花和蔬菜种植大国，其温室建筑面积达 1.1 亿 m^2，并拥有约占世界 1/4 的玻璃温室。

（3）发展应用物联网技术。物联网是现代信息技术的重要组成部分，近年来物联网发展迅速，具有广泛的应用前景。黑龙江省和河南省大面积应用物联网技术，用来监测农作物在不同生长阶段的土壤参数，不同生长阶段的施肥效用，从而提高农作物的品质；在新疆，物联网技术可以根据实际农田面积计算出灌溉水的用量，从而降低灌溉成本。物联网的应用将省去大量人力物力，而且能更加科学地检测出农作物生长的情况，使作物永远保持最好的生长状态，大大提高了产量，物联网在农业发展方面具有不可或缺的作用。

（四）山东省促进智慧农业发展的意义和建议

1. 意义

（1）加快智慧农业发展是山东省实施"乡村振兴战略"的重要抓手。党的十九大首次提出了《乡村振兴战略》，按照"产业兴旺、生态宜居、乡风文明、治理有效、生活富裕"的总要求，加快推进农业农村现代化，推动农业全面升级、农村全面进步、农民全面发展，走中国特色社会主义乡村振兴道路，让农业成为有奔头的产业，让农民成为有吸引力的职业，让农村成为安居乐业的美丽家园。2018 年中央一号文件《中共中央　国务院关于实施乡村振兴战略的意见》中明确提出，大力发展数字农业，实施智慧农业林业水利工程，推进物联网试验示范和遥感技术应用。智慧农业是将新兴的遥感网、物联网、移动互联网、云计算、大数据和人工智能等现代农业信息技术，深入应用到农业生产、经营、管理和服务等全产业链环节，实现精准化种植、互联网化销售、智能化决策和社会化服务，改造传统农业产业、生产和经营体系，达到优化配置农业资源要素、提高农业生产效率和促进农业可持续绿色发展的目标。智慧农业是农业信息化发展的高级阶段，加快智慧农业发展是山东省实施"乡村振兴战略"的重要抓手，为新时代解决山东"三农"问题提供了新理念和新思维。

（2）加快智慧农业发展是山东省推进农业高质量发展的必然选择。山东是我国的农业大省，以全国1%的水资源、5.6%的耕地生产了全国7.6%的粮食、15.6%的蔬菜。当前，山东农业处于从传统农业向现代农业转变的关键时期，面临着农产品价格"天花板"封顶和生产成本"地板"抬升等新挑战，农业资源环境制约、农业生产结构失衡和质量效益不高等新问题日益突出，迫切需要加快转变农业发展方式，由增产导向转向提质增效导向，从粗放发展模式向精细管理、科学决策的发展模式转变，由人工操作向机械化、智能化管理转变，走质量兴农、绿色兴农的高质量发展之路。信息技术代表着当今先进生产力的发展方向，农业信息化成为引领我国农业高质量发展、创新农业管理服务和破解农业发展难题的必然选择。因此，加快智慧农业发展是推进山东农业高质量发展的迫切需要，有助于促进信息技术与农业产业的深度融合，推动农业全方位、全角度、全链条的改造升级，促进质量变革、效率变革、动力变革，实现提质节本增效，做大做强山东农业优势产业，全面提升山东现代农业发展水平。

（3）智慧农业关键技术与系统集成创新是智慧农业发展的基础。智慧型农业发展涉及多部门、多领域、多学科的交叉和集成，具有独特的系统性和复杂性，加强其关键理论、技术和系统集成创新研究成为山东省智慧农业发展的基础和优先任务。近年来，山东省智慧农业研究和应用发展迅速，如大田种植、设施农业、水产物联网试验研究和应用示范取得明显进展、农业生产监测和诊断模型研究稳步推进、产业信息服务水平日益提升。然而，总体上看，山东省智慧农业发展仍处于起步阶段，尚有很多关键科学技术问题没有解决，如现有研究存在明显的碎片化、不同学科之间缺乏有机衔接和整合；传感器和智能装备研发能力不足，缺乏成熟、可靠、易用的精准监测和环境控制装备；智慧农业关键诊断模型、算法研究滞后，核心技术研发、系统平台集成较弱；标准规范建设不足，智慧农业产业发展标准模式和典型案例缺乏，示范带动效果低。因此，迫切需要尽快加强智慧农业关键技术与系统集成创新研究，攻克关键科学技术难点，并进行示范应用，为推动山东省智慧农业发展提供科技支撑。

2. 建议

（1）提供必要的资金支持。应增加资金投入用于建设农业信息化体系，这样不仅可以加快智慧农业建设，还会滋生大量涉农信息化企业，为社会提供更多的就业岗位，有助于解决失业问题。同时，我国应加大资金投入，建设国家宽带网络，逐步解决偏远地区上网问题，让农民有了解智慧农业的方法和途径，为智慧农业走进偏远地区，带动偏远地区经济发展打下坚实的基础。

（2）制定相应支持政策。我国在农业方面虽然出台了相关政策，但还不够全面。一方面是智慧农业在推广方面存在问题，推广体系存在管理混乱、推广人员素质低下和推广的力度不够的问题。另一方面是农民素质教育有待提高，导致智慧农业在农村很难被从事农业生产的人所接受。可在农村或县城开设农业知识学堂，并要求农民进行基础课程的学习，为不同的农民开设不同的农业学堂，因材施教；还可在互联网发布学习课程，让农民随时随地都可学习。

（3）吸引高素质人才，培育农民工人及相关技术人才。政府除了资金方面的投入之外，还要加大教育方面的投入。从2019年智慧农业覆盖农业生产经营报告可知，参与农业生产经营的，年龄在 30~51 岁的占比很大，而 18~30 岁的明显参与度不够，报告表明农业生产逐渐老龄化，年轻人对从事农业生产已不感兴趣。一方面政府应加大智慧农业福利政策，尤其针对高学历的农业人才，吸引其从事智慧农业相关产业工作；另一方面加大对基层农民的教育投入，培育具有丰富农业知识的新型农民。

（4）加快数字农业建设。近年来，数字农业的概念逐渐在世界流行，建设数字农业已成为发展智慧农业必不可少的一步。完善重要农业资源数据库和台账，形成耕地、草原和渔业等农业资源"数字底图"。分品种有序推进农业大数据建设，科学调控农产品生产、加工和流通。实施数字农业工程和"互联网+"现代农业行动，大力发展有机、绿色农产品个性化定制和设计；建立试点县，进行数字农业建设并进行生产，通过电商平台（淘宝、京东和亚马逊）、直播带货（抖音、快手）等方式进行销售，总结可复制可推广的标准规范。

四、智慧农业发展趋势及建议

（一）发展趋势

虽然我国从 2012 年就开始陆续出台发展数字乡村的意见文件，达 20 多篇。尤其 2022 年中央一号文件指出，"大力推进数字乡村建设。推进智慧农业发展，促进信息技术与农机农艺融合应用。"物联网、人工智能以及大数据等关键技术支持，将促进农业信息数据化，推进数据农业的有效实践。近年来，农业农村部积极推动智慧农业和乡村数字建设，作为乡村振兴战略、国家信息化发展的重要组成部分，统筹部署实施。下一步，农业农村部将持续谋划实施智慧农业工程，推进物联网、人工智能、区块链等新一代信息技术与农业深度融合，加快农业全产业链数字化转型。我国各级政府也出台了若干文件从政策上积极支持智慧农业的发展。

首先，天空地一体化的农业智能感知关键技术研究。利用航天遥感覆盖区域广、空间连续，航空遥感观测精度高、时间连续，以及地面物联网实时观测、信息真实的联合优势，研发以航天卫星遥感为主，航空遥感辅助应急、地面真实值的天空地一体化农业智能感知技术体系，克服单一传感器、单一平台观测的局限性，高精度、多尺度、立体化、时空连续获取的农业空间信息获取能力提升。加强集多功能一体的传感器研发，攻克农业生产环境、动植物生理体征、智能感知与识别关键技术，研发具有自主知识产权的大田物联网测控、遥感监测、智能化精准作业、基于北斗系统的农机物联网等技术和产品。

其次，农业智能诊断与控制的关键技术与装备研制。深入开展遥感高光谱技术、农作物参数反演、农作物健康诊断、农业自然灾害监测评估等农业遥感关键技术攻关；探索开展以天空地多源数据采集与融合、智能诊断与分析、智能决策与控制等关键算法技术，开展农业大数据处理和分析研究，重点进行图像视频识别、数据融合、机器学习、数据挖掘等新技术方法研究，建立农业生产智能决策、诊断与分析的专有算法和模型；构建和完善我国主要粮食作物、蔬菜、果品、畜牧养殖动物的生物生长数字模型；开发专用传感器和智能终端，突破生产环境和动植物体征行为信息采集、农业生产管理精准控制等智能装备核心装置、自主无人装备；研究蔬菜秸秆无害化、机械化处理技术，为我国设施农业可持续健康发展提供重要保障。

最后，农业智能决策与服务系统研发及应用示范。加强农田生产管理信息系统、农业资源管理系统、农业科技信息管理系统、农作物估产系统等大田农业生产过程管理系统和精细管理及公共服务系统研发；建设温室大棚环境监测控制系统、工厂化育苗系统和采后商品化处理系统；构建自动化精准环境控制系统和数字化精准饲喂管理系统，突破畜禽养殖无害化粪污自动处理系统；建设养殖在线监测系统和现场无线传输自主网络，完善水产养殖管理系统，构建生产过程管理系统和综合管理保障系统。在此基础上，依据区域经济条件和信息基础设施水平，结合地方农业特色和现代农业发展水平，依托农业龙头企业、农民合作社、家庭农场等新型农业经营主体，打造智慧农业示范应用的主阵地，使信息技术在农业和农村经济发展中得到广泛应用。

随着数字化技术的不断普及，人工智能的广泛运用，现代农业机械化水平不断提升，智慧农业将是农业发展的必然趋势，智慧农业的发展和普及也将是传统农业发展的一次重要革命。尤其是在国家多项政策支持鼓励下，数字技术促进乡村振兴、智能育种、智能装备等技术不断快速发展，在农业生产中的种植、养殖、加工、储存、销售等过程中都会逐步运用。在将来的智慧农业中，大数据信息必将渗透农业全产业链，从种子、肥料开始，到田间的管理以及其后的废弃物处理过程，将体现出信息科技对农业产业发展的支撑作用，智能化设备将得到广泛应用。智慧农业发展必然趋势就是农业无人化、少人化的操作实景，信息化科技推动农业生产方式变革，对农业种植、养殖业进行工厂化生产、加工和销售，实现农业产业链上合作企业的共同利益。

（二）建议

（1）提升农业整体规划设计，强化农业发展统筹管理，在高标准农田建设中，在新建改建的种植、养殖、生产、加工、销售等农田改造，农业设施建设中优先考虑智慧农业的发展，安装传感器和监控设施或者预留有固件安装的端口和区域。

（2）加强各类机械设备，场景监控设备和信息采集、传输、统计、处理系统的科研攻关，提升科技水准，制定统一标准端口，简化应用过程。

（3）推动智慧农业复合型人才培养，尤其注重对返乡创业人员、退役军人及高素质农民进行理论与实践双培养，鼓励支持智慧农业专业学员到农村发展。

（4）落实中央相关文件精神，从顶层设计安排，制定完善发展方向和推动鼓励政策。

五、智慧农业系统架构

智慧农业系统必须设有多个处理系统和采集系统以及无线传输系统、远程监控系统、数字处理系统和专家系统等。前端遥感采集系统主要负责农业环境的光照、温度、湿度和土壤含水量以及视频等数据的采集和控制；无线传输系统主要是将前端传感器采集到的真实数据影像等，通过无线传感网络输送到后台服务器；远程监控系统通过现场布置的摄像头等监控设备，实时采集视频信号，通过电脑或手机随时随地观察现场情况，查看现场温度和湿度等具体参数，并进行远程控制调节；数字处理系统负责对采集的数据进行分析处理和存储，为用户提供决策依据；专家系统则根据智慧领域的专家或专家组提供的专业知识和经验，进行推理判断，提供决策咨询，以解决实际生产过程中复杂的技术难题。

第二节　现代化技术在智慧农业领域的应用

一、新一代农业信息技术

（一）物联网技术

农业物联网技术是指将传感器、网络、移动设备和云存储等技术结合，实现农业生产中信息化、智能化和自动化的全过程管理系统。它可以实现实时监控、远程控制和数据采集等功能，提高农业生产的效率和收益。

1. 农业物联网技术应用领域

（1）环境监测。利用传感器采集土地、气象、水文等环境参数，进行监测和调控，提高农作物的生长环境。

（2）设备控制。通过传感器、执行器等设备进行远程控制，对农业设备进行监控和维护。

（3）数据采集和管理。运用当代 IT 技术，对农业数据进行实时采集、管理和存储，实现远程监控等功能。

2. 农业物联网技术的应用

（1）农作物生长环境的监测和调控。传感器技术可以监测环境参数，如温度、湿度等，实现农作物生长环境的自动调控。一些企业已经开发了种植区域微环境监测系统，运用传感器采集并控制种植区域内的环境因素，以提高作物品质和产量。

（2）远程控制农业设备。利用物联网技术，可以实现远程控制农业设备，如智能灌溉系统、无人机植保等，大幅提高了农业生产的效率和成本效益。一些农业企业已经成功地将传统的灌溉系统升级为智能灌溉系统，农民通过手机或电脑远程控制灌溉系统，根据不同的作物需求实现准确和节约的用水。

（3）实时采集、管理农业信息。物联网技术可以实时采集和管理农业信息，包括温度、湿度、降水量、土壤养分等。这些数据可以帮助农民做出科学的决策，如将施肥量根据土壤养分调整到最优状态，减少浪费和环境污染。

（二）大数据技术

大数据是指通过特定技术处理难以用常规手段管理和处理的数据集合，它具有 4V 特点：Volume（大量）、Velocity（高速）、Variety（多样）、Veracity（真实性）。

1. 大数据在智慧农业中的应用

（1）农业生产领域。大数据可以通过对种植、养殖过程中的环境、土壤、气候等数据的实时监测和分析，为农民提供精准决策支持，如农业灾害预警、病虫害监测、施肥和灌溉控制等。同时，大数据在种植、养殖规划、优化农业生产流程等方面也有广泛应用，如基于机器学习模型的精准种植、养殖，提高农业产量和质量。

（2）供应链管理。大数据可应用于农产品的供应链管理，包括从农民的生产环节到消费者的销售环节。利用大数据分析技术，制订合理、高效的供应计划，对生产、配送、销售、质量监控提供更精准、快速的决策支持。同时，为消费者提供更加精准的产品信息和购买体验。

（3）市场营销。大数据可以为农业企业提供客观的市场数据支持，帮助企业制订更加有针对性的营销策略，提升品牌价值和销售业绩。例如，利用社交媒体数据和消费者购买历史，进行智能营销和推广，个性化的推荐和营销。

2. 大数据应用面临的挑战和解决方案

（1）大数据获取和处理的挑战。大数据采集需要海量的、多类型的数据，同时要求采集时间短、精确度高、可靠性强。因此，如何快速且准确地获取大数据成了挑战。在数据处理方面，因为大数据具有海量性、多样性、动态性等特点，需要具备高性能计算、分布式计算、复杂网络处理等技术、平台和算法支持。

（2）数据利用率和应用价值的提高。对农业企业而言，在获取了大量的数据后，如何快速挖掘这些数据的应用价值，使其转化为经济价值成了关键所在。为此，可以借鉴人工智能、机器学习等先进算法和技术，建立有效的数据分析和挖掘模型，以帮助企业更好地进行业务决策。

（三）人工智能技术

人工智能技术，就是通过模拟人类的思考和学习过程，让机器能够自主完成一些复杂的任务。它主要包括计算机视觉、机器学习、自然语言处理、机器人技术和生物识别技术等多个方面。

在智慧农业领域，人工智能技术的应用主要体现在以下几个方面。

首先，计算机视觉和机器学习技术可以应用于农作物的生长监测和病虫害识别。通过无人机或地面设备采集的图像，机器能够自动识别出作物的生长状况，如叶片颜色、高度、密度等，从而判断作物是否健康，是否需要调整生长环境。同时，通过对病虫害图像的识别和学习，机器也能够自动识别和预测病虫害的发生，为农民提供及时的防治建议。

其次，自然语言处理技术可以帮助农民更方便地与智能农业系统进行交互。农民可以通过语音或文字输入自己的问题和需求，智能系统则能够理解并给出相应的回答和建议，从而提高了农民的生产效率和便利性。

再次，机器人技术也在智慧农业中发挥着越来越重要的作用。例如，无人驾驶的农机具可以自动完成播种、施肥、灌溉、除草等作业，大大提高了农业生产的自动化程度。同时，智能温室中的机器人还可以根据环境参数自动调节温室内的温度、湿度、光照等条件，为作物提供最适宜的生长环境。

最后，生物识别技术也在智慧农业中得到了应用。例如，通过指纹识别或虹膜识别等技术，可以实现对农业工人的身份验证和管理，确保农业生产的安全和质量。

（四）云计算技术

云计算技术是一种基于互联网的新型计算模式和服务模式，它通过虚拟化技术、自动化管理技术、分布式计算技术和大数据处理技术，将物理硬件资源抽象成虚拟的计算资源，为用户提供高可用性、可扩展性和灵活性的计算资源和服务。

在智慧农业中，云计算技术的应用已经越来越广泛。

首先，云计算技术可以为农业生产活动提供详细的生产资料信息，包括作物种子的选择、农产品的收获信息、农产品销售等，这些信息可以帮助农民预测市场变化，合理配置作物，调整种植结构，选择市场需求更大的作物。

其次，云计算技术可以实现农业生产活动的自动化、信息化和机械化，提高生产效率和生产质量。例如，通过云计算技术，我们可以实现对农田的实时监控，对农作物的生长情况进行精确分析，从而科学地进行灌溉、施肥等农业生产活动。

最后，云计算技术还可以为农业生产活动提供有效的技术支持和远程专家支援。例如，当农民遇到农业问题时，可以通过云计算平台寻求专家的帮助，获取专业的解决方案。

另外，在农产品流通方面，云计算技术也发挥着重要作用。通过云计算技术，可以实现对农产品的实时跟踪和运输管理，有效降低运输成本，保证农产品的新鲜度。同时，云计算技术还可以帮助管理运输工具，提供丰富的运输工具信息，以满足不同农产品的运输需求。

总的来说，云计算技术在智慧农业中的应用，不仅提高了农业生产活动的效率和质量，也提高了农产品的流通效率，对推动农业现代化、实现乡村振兴具有重要意义。

（五）3S 技术

3S 技术，即遥感（Remote Sensing，简称 RS）、地理信息系统（Geographical Information System，简称 GIS）和全球定位系统（Global Positioning System，简称 GPS），是现代智慧农业中不可或缺的重要工具。

首先，遥感技术以其广阔的视野和超越人眼的感知能力，为智慧农业提供了丰富的数据源。通过无人机或卫星等遥感平台，可以获取农田的高分辨率影像，进而对农作物的生长状况、病虫害发生情况等进行实时监测。这些信息对于精准农业管理、病虫害预警等都具有重要意义。

在智慧农业中，遥感技术利用高分辨率传感器，采集地面空间分布的地物光谱信息，在不同的作物生长期，根据光谱信息，进行空间定性、定位分析，提供大量的田间面积、长势、产量等时空变化信息。中国农业科学院农业资源与农业区划研究所开发了天空地一体化农田地块大数据平台，利用卫星遥感技术、无人机与车载地面样方调查装备，以及农业物联网等相关系统，智能获取农田、环境、作物以及田间管理参数，实现了"人在干，天在看"。

其次，地理信息系统则将这些海量的空间信息进行有效的整合和管理。通过 GIS，可以将农田的空间分布、土壤类型、气候数据、作物生长情况等各类信息集成在一起，形成一个完整的农田信息数据库。这就可以对农田的生态环境、生产潜力等进行全面评估，为农业决策提供科学依据。

GIS 技术对大田物联网系统的空间数据和感知数据进行存储管理，利用 GIS 空间分析方法和大田相关农学模型集成分析物联网监测数据。与 RS 技术结合，形成各种农业专题图，如农作物产量长势图、病虫害监测图、农业气候区划图等，可以辅助决策，是目前 GIS 在智慧农业的主要用途之一。

最后，全球定位系统则提供了精准的定位服务。在智慧农业中，GPS 技术广泛应用于农机导航、农田测量、作物生长监测等方面。通过 GPS，可以实现农田的精准管理，如精准施肥、精准灌溉、精准喷药等，从而提高农业生产效率，减少资源浪费。

3S 技术在智慧农业中发挥着至关重要的作用。它们不仅提供了丰富的农田信息，还实现了农田的精准管理。在未来，随着技术的不断进步和应用领域的拓展，3S 技术将在智慧农业中发挥更大的作用，推动农业实现可持续发展。

二、智慧农业模式分析

（一）智慧大田

1. 模式概述

在大田种植中，集成遥感、无人机、物联网、北斗导航等技术，布设低时延、大容量的 5G 通信传输，升级天空地一体化的农情监测系统，开展田间"四情"监测。利用水肥一体化、养分自动管控、能效自动监测、植保智能测报、机管机收机采、智能手机远程控制，实现大田耕种管收数字化、自动化，提升大田生产绿色化水平。智慧大田包括基础设施、固定装备、移动装备、控制装备系统和管控云平台 5 个部分，各部分间相互协作，并且与大田农事操作深度融合，实现大田种植智慧化模式。

2. 关键技术与模式架构

（1）大田感知系统。该系统利用遥感网、物联网和互联网三网融合，实现了大田环境和作物生产信息的快速感知、采集、传输、存储和可视化建立大田天空地大数据，解决大田遥感监测数据时空不连续的关键难点，显著提高信息获取保障率。实现了对大田生产信息全天时、全天候、大范围、动态和立体化监测与管理。利用航天遥感（天）、航空遥感（空）、地面物联网（地）一体化的技术手段，进行大田作物与种植环境的精准感知与信息获取，建立大田天空地遥感大数据管理平台，解决"数据从哪里来"的基础问题，该系统主要包括多源卫星遥感影像快速处理系统、无人机智能感知系统、基于地面传感网智能感知系统、基于互联网智能终端调查系统和天空地一体化综合观测数据管理与可视化平台五大系统，实现作物种植信息快速、自动感知、采集、传输、存储和可视，开展多途径监测系统在墒情、苗情、长势、病虫害、冷冻害、轮作休耕和产量监测方面的高效信息采集。

（2）智能化生产管理与服务平台。根据智能化生产管理与服务的现实需求，构建农作物生产管理处方的数字化设计和定量化决策体系，有效衔接农情信息感知，服务大田智能管理与智慧农机作业系统。在天空地一体化观测体系获取的大田生产大数据支撑下，围绕大田生产中精确播栽、精确施肥、精确灌溉、精确施药、精确收获等作业需求，综合运用地球信息科学、农业信息学、栽培学、土壤学、植物营养学、生态学等多学科、多领域的理论，利用遥感识别、模拟模型、数据挖掘、机器视觉等技术方法，开发算法模型、分析预测预警、构建决策依据、研发系统平台，突破大田作物生产智能与决策的关键核心技术，提升精准耕整地、精量播种、精确运筹、精细投入等方面的决策数控调整能力，形成农作物数字处方系统与服务平台。

（3）智能耕作农机装备。利用互联网+云平台，在数字农业专家知识库的支撑下，利用农机自动驾驶、精量插秧、水肥一体化自动控制、信息服务云平台等先进技术与设备，结合土壤养分特性、谷物产量图、农作物品种、当地的气候条件、天空地一体化观测系统获取与分析得到的决策数据，建立大田种植智能耕作农机系统，实现数据驱动的全数字化大田耕种过程的智慧决策与控制。

3. 发展方向

一是研发数字大田关键技术与产品。构建和完善主要农作物的生长数字模型，实现高效的数字模拟和设计；开发不同层次、不同农业产业类型的农业系统数字模型，实现农用物资设备、农业生产管理、经营决策的智能化和数字化。研发一系列大田专用的物联网测控、遥感监测、智能化精准作业、基于北斗系统的农机物联网等技术和产品。

二是集成数字大田技术系统与平台。夯实基于北斗导航系统的精准时空服务基础设施平台，集成农田生产管理信息系统、农业资源管理系统、农业科技信息管理系统、农作物估产系统等大田农业生产过程管理系统和精细管理及公共服务系统。

三是创新数字大田商业化发展和运行模式。利用多种渠道增加投资，着力构建"政产研用金服"相结合的新阶段数字大田发展模式，形成联合公关、协同创新、共谋发展、共推改革的数字农业运行模式，形成功能互补、良性互动的协同创新新格局，对投资规模较大、需求长期稳定、价格调整机制灵活、市场化程度较高的数字农业基础设施及公共服务类型项目，可采用PPP（政府和社会资本合作）等商业模式；对于市场化前景较好、投资收益回报较高的数字农业项目，可采用众筹模式、互联网+模式、发行私募债券等商业模式。

（二）智慧果园

1. 模式概述

智慧果园是水果种植业信息化发展的高级阶段，已成为世界现代果业发展的重要趋势。与粮食作物相比，水果栽植品种更多、区域差异更大、环境条件更复杂，果实生长状况监测、产量估算、灾害监测预警等面临诸多挑战。因此，智慧果园的理论和技术更加宽泛，其所涉及的系统和准备也更加综合和复杂。

2. 关键技术与模式架构

（1）智慧果园的触角。一是苗木的选种选育。苗木是起源，直接决定了果树果实的品质。依靠人工智能，借助介电频谱、大赫兹波等现代信息技术手段，采集果园育种性状数据，从亲本选配到遗传评估进行全系谱信息化控制，形成选种决策，从而选择最优良的果树品种，根据果树品种特性的差异，调控生长条件，为高效高质生产提供保障。二是果园环境检测。土壤为果树生长提供养料，不同类型、品种的果树对营养物质的需求不尽相同，需要对土壤中相关成分进行测量。在智慧果园中，配置传感器收集土壤水分、养分、水势、紧实度、含盐量等土壤重要参数，通过人工智能模型和算法，精细分析土壤理化性质，提供不同果树、不同果园添加的养分方案，实现果园生产的科学种植。三是果树生长状况解析。通过无人机巡视，动态监测果树生长状况、杂草生长情况，将采集的图像传输到终端；在此基础上，基于图像识别技术，利用深度学习算法，采用特定的模型和框架，进行数据挖掘，对果树健康状态、果实成熟度、病虫害等果园基本情况进行识别和监控。同时，基于智能学习算法，开发智能植物识别软件，果农上传果树照片就能识别果园发现的病虫害，通过分析智能软件为果园病虫害防治提供解决方案。

（2）数字果园的"大脑"。利用无人机遥感，以单株果树为基本单元，结合机器视觉、深度学习、模拟模型等技术，建立果树单株识别、长势监测、产量预测等技术方法，形成开放兼容、稳定成熟的果树生长全过程诊断技术体系，实现果树生长动态变化的快速监测。一是针对果树群体参数的诊断分析，利用图像识别进行果树数量、高度、密度与长势，以及果园杂草等群体参数监测，研究不同栽植密度、不同树形结构、不同营养水平，以及不同生长阶段的果园群体光利用率、生产效率，提出果园生产的最佳群体参数。二是针对单株果树个体参数的诊断分析，建立模型，提取果树三维树冠与株形参数，通过对树形构建、光利用率、冠层分布、枝条组成、果实分布等参数分析，建立单株果树优化管理的参数指标。三是以单株果树为对象，利用点位传感器，结合果树生长发育特征，进行果树水肥诊断，或利用图像和视频，结合计算机视觉进行果树病虫害、秋梢率的监测。四是以果实为研究对象，进行果树果花、果实的计数和树上品质诊断分析，基于果实生长发育与其周边微环境因子、营养供给等因素之间的关系，构建单株生长模拟模型，模拟监测果实生长过程，并以果实的需求来确定果树树体管理指标。五是果园灾害应急管理，干旱、低温冻害等气象灾害，以及生物灾害对果树生长、果实发育和形成等具有重要影响，建立灾害发生时间、范围、强度等灾情动态监测与损失评估技术，进行实时监测和快速预警，提升果园灾害应急管理能力。

（3）智慧果园的"手脚"。智能耕作。农业机器人可以模拟人的视觉功能，通过学习，分析和判断杂草覆盖区域、水肥缺失情况、果实成熟度，研发果园智能除草装备、果树智能修剪装备、果实智能采收装备、果园智能灌溉系统、病虫害监测预警系统、果园智能施肥系统等。根据实际情况做出判断，自动除草、自动灌溉、自主施肥、自动采摘。随着数据的积累，不断地优化、训练智能学习算法，提升智能耕作的精度和作业效率，实现果园种植精准化、无人化。

3. 发展方向

随着现代信息技术的飞速发展，果园在生产方式和观念上产生革命性的变化，智慧果园理论、技术和实践取得长足发展。从目前发展来看，智慧果园研究的重点方向是加强关键技术和系统集成的创新研究，具体包括以下方面。

一是创新开发多功能一体的传感器，实现实时、动态、连续的信息感知，并增加传感器的采集精确度和抗干扰性；优化数据传输方式，既保证数据传输的效率，又保证数据传输的安全。

二是综合运用图谱分析手段，实现果园土壤水分、养分、pH值、质地、病虫草害等指标的实时快速监测，动态感知果树生长过程中的光照、水势、叶部形态、叶密度、果实大小、果实空间分布、产量等指标。

三是利用航天遥感覆盖区域广、空间连续，航空遥感观测精度高、时间连续，以及地面物联网实时观测、信息真实的联合优势，研发以航天卫星遥感为主，航空遥感辅助应急、地面真实值的天空地一体化观测系统，克服单一传感器、单一平台观测的局限性，高精度、多尺度、立体化、时空连续获取的果园环境信息和果树养分与生理信息。

四是开展大数据处理和分析研究，建立果树形态结构模型、诊断与分析的专有算法和模型，提升生产智能决策能力。融合园艺学、生态学、生理学、计算机图形学等多学科，以果树器官、个体或群体为研究对象，构建出主要果树 4D 形态结构模型，实现对果树及其生长环境进行三维形态的交互设计、几何重建和生长发育过程的可视化表达。

（三）智慧畜牧

1. 模式概述

以人工智能为代表的新一代信息技术正在加速畜牧业向科技型、标准化产业转型升级，智慧畜牧作为智慧农业的典型模式得到了广泛的研究与实践。畜禽养殖中，推广 RFID 测温定位电子耳标，发展自动投料机、集成智能补光通风加湿系统、配置疫病监测预警系统、匹配声音知识库，精准化监控养殖环境，数字化记录生产、智能化管理物流、身份化溯源质量，已经发展成为智慧畜牧的典型模式。

2. 关键技术与模式架构

（1）养殖环境监测技术。利用科学技术手段对畜禽养殖环境进行有效监管，是数字养殖的首要要求。利用传感器、移动通信和物联网，通过传感器获得环境参数，将之传输到云端，并在手机、Pad（掌上电脑）、计算机等信息终端进行显示，是规模化、标准化养殖场、信息化管理的基础。以猪舍、立体式鸡舍为代表的圈舍类养殖环境大数据，充分考虑养殖环境多变量共存、结构复杂及密集程度高等特点，结合人工智能分析算法，建立精确的调控分析模型，提高模型的泛化性和鲁棒性是智慧养殖的关键。

（2）身份识别技术。个体身份标识是智慧畜牧发展的基本手段，是实现行为监测、精准饲喂及疫病防控、食品溯源的前提，是实现畜牧智能化生产的必然要求。随着人工智能技术的发展，面部识别、虹膜识别、姿态识别等生物识别技术已经开始向畜牧业延伸，为数字畜牧业的发展注入了新的动力，使生物个体健康档案的建立和生命状态的跟踪预警变得更加智能。特别是射频识别技术已在畜禽身份识别中取得了长足发展，可以集成在耳标、项圈中，或利用微型植入式 RFID 芯片探索实时获取畜禽的身份信息。

（3）面向个体的精准饲喂技术。精准饲喂主要面向猪、牛、羊等中大型牲畜的精准化养殖，主要包括饲喂站、自动称重、自动分群和饲料余量监测等设施仪器。智能化精确饲喂技术是基于牲畜的个体识别、多维数据分析、智能化控制的集成应用，将营养知识与养殖技术相结合，通过科学运算方法，根据牲畜个体生理信息准确计算精准饲料需求量，基于指令调动饲喂器来进行饲料的投喂，从而实现了根据个体状况进行个性化定时定量精准饲喂，动态满足牲畜不同阶段营养需求。

（4）动物福利及行为监测。动物福利关乎动物的健康养殖和畜牧业安全生产，也直接影响畜产品的品质，间接影响着人类的食品安全。智能监测技术已经用于放牧绵羊福利研究中，包括音频分析、视觉检测、行为特征识别、卫星定位和无人机巡航等关键技术。准确高效地监测畜禽个体行为，有利于分析其生理、健康和福利状况，是实现自动化健康养殖和肉品溯源的基础。

（5）以畜牧安全为核心的智能化技术。互联网、云计算和大数据等关键技术在疫病远程诊断中发挥重要作用，发展了多种远程智能诊疗系统，可实现远程诊疗、图片影像诊断、疾控信息发布、产品溯源等功能。

3. 发展方向

一是研制畜牧专用芯片。以植入式 RFID 芯片、畜牧专用处理器等的研发为核心，研制动物体温监测及环境温湿度、光照度、特殊气体监测用传感器、低功耗 RFID 芯片，攻克低功耗植入式体温监测传感芯片，实现畜牧养殖环境典型传感器的国产化替代，解决智慧畜牧核心技术"卡脖子"隐忧。

二是加强新型高端智能装备研发。集成创新养殖场智能感知控制系统、畜禽健康监测系统、养殖机器人、畜产品收割加工机器人、自动化粪污处理系统等高端智能装备产品，推动智慧畜牧实现跨越式发展。

三是制定数字畜牧行业标准。基于各种架构和技术的畜牧养殖物联网、数据中心相继建立，在解决信息化的同时，各类系统重复建设、信息孤岛问题突出，缺乏行业标准，一定程度上制约了畜牧行业健康发展。

（四）智慧水产养殖

1. 模式概述

水产养殖中，利用传感检测技术，实时监测水环境、水质情况以及各种气候条件指标。基于智能传感、无线传感网、通信、智能处理与智能控制等技术，集水质环境在线采集、饲料自动精准投喂、水产类病害监测预警、循环水装备控制、网箱升降控制等信息技术和装备于一体，联动控制。

2. 关键技术与模式架构

（1）水质监测预警系统。养鱼先养水，水质测控在水产养殖过程中尤为重要。通过布设水质传感器、数据采集终端、智能控制终端，实现对溶解氧、pH 值、电导率、温度、三氮浓度、叶绿素等水质参数实施采集、处理、分析，再通过增氧机、循环泵、压缩机等设备进行智能在线控制。以数字技术驱动的水产养殖实时测控关键技术与设备实现了对养殖水质环境的精准控制。水质在线检测系统提供了集水质在线检测、数据分析和智能控制于一体的系统化解决方案。

（2）饵料精准投饲系统。基于数字技术的自动投饲设备能有效降低饲料成本，提高饲料利用率，从而解决残留饲料污染水域环境问题。系统集自动上料单元、精确下料单元、气送投喂单元、水体增氧单元和智能控制于一体，通过探测鱼群饥饿程度将饲料投喂和水体增氧结合，可根据鱼类摄食状况、控制投饲速度和时间，实现按需适时投饲。

（3）水产病害远程诊断。现代数字技术实现了水产病害远程诊断。通过水产病害诊断和管理信息数字化的发展，实现大量鱼病病例的收集和影像存档，并通过信息手段加快病例搜集和共享，构建了电子病例档案共享，实现了基于云储存的水产病害诊断与健康养殖系统。同时综合利用计算机技术、显微图像处理技术和网络信息技术，构建跨平台的水产病害远程诊断系统，实现了网上看病、远程诊疗。

（4）水产品质量安全追溯。数字化技术促进了水产养殖全过程的信息化，从而实现对水产品从塘口到餐桌过程中各个环节重要信息的录入和查询，为水产品质量安全追溯提供有效载体。通常水产品质量安全追溯系统主要由公共服务子系统、监管追溯子系统、数据中心、关键信息采集系统等组成，并以追溯二维码为载体，实现水产品从生产到销售全环节的信息可查询、来源可追溯、去向可跟踪、责任可追究。

3. 发展方向

打造"云+端"的立体数字渔业渔政云平台，全面推进数字水产养殖升级发展。基于自主芯片、人工智能、物联网、云计算、大数据和移动互联网等关键技术，在已有数据分析模型基础上，研究建立疾病预警、科学投喂与产量预测等大数据分析模型。打通养殖管理、精准投喂、疫情预测诊断、生物资产管理、代系管理、产品溯源全产业链信息流，推动多源数据有效融合利用，助力水产养殖升级发展。该平台应具有 3 个特点：一是通过自主芯片及智能终端，实现对个体身份识别及体征信息的自动获取；二是利用人工智能技术，实现对鱼体外在行为实时监测、疫病早期诊断与智能分析预警；三是借助移动互联网打通全产业链信息流、打破地域限制，实现"云+端"的一体化智能处理。

第三节　智慧农业发展趋势

智慧农业是新时代农业科技发展的重点之一，其未来发展方向持续受到学术研究和产业界的关注。

一、智能化

智慧农业将更加注重整合应用人工智能、物联网、大数据、云计算等现代科技，以实现农业生产、农村经济、农业社会服务以及农业资源与环境全方位数据智能化的目标，从而推动农业增效、增产、减耗、增技、增收。

首先，智慧农业将从精准化管理向自动化管理转型，进一步提升农业生产效率和质量；其次，农业数据将更加重要，通过大数据和人工智能技术进行分析和运用；最后，智慧农业将在科技、人才和政策等方面得到更广泛的支持和发展。

从技术和应用的角度看，未来智慧农业的发展需要更加注重技术应用的可行性和便捷性。人工智能、物联网、大数据等技术将会不断完善和相互融合，实现数据交换和共享，产生更多有价值的信息。这些技术将会推动农业生产过程的自动化和智能化，提高农业生产效率和质量，促进农业生态文明建设。

人工智能、云计算、物联网等技术的发展将推动智慧农业应用的不断完善和普及。在未来，智慧农业将成为农业产业升级的重要途径，实现可持续发展和资源利用的最大化。

二、多元化

未来，智慧农业将展现出更加多元化生产经营模式，不再局限于传统的大面积单一产业生产模式，而是更加注重生态保护与农业可持续发展并重。这还包括深耕种植、畜牧养殖、水产养殖等多种农业业态和产业融合等新型智慧农业生产模式的逐渐形成与推广应用。

三、集成化

集成化是把各类智能设备和技术进行集成、协同，形成一整套全面高效的生产、管理和服务体系；智慧农业集成各主要农业生产要素，发挥全链条协同作用，实现信息、技术、资金、流通等生产环节协调发展的转型。此外，与其他数字技术相结合，打造特色产业品牌等成为关键节点。

四、开放化

建立农业大数据开放平台，实现信息的生产、流通与调用上的便利，增强智慧农业的自主研发、信息资源共享的能力，加强国内外产学研、企业协作，推动智慧农业的跨界互利、互动融合。

本章参考文献

陈满，金诚谦，倪有亮，等，2018. 基于多传感器的精准变量施肥控制系统 [J]. 中国农机化学报，39（1）：56-60.
吴文斌，史云，段玉林，等，2019. 天空地遥感大数据赋能果园生产精准管理 [J]. 中国农业信息，31（4）：1-9.

第三章　遥感技术发展历程

第一节　遥感技术的定义

遥感，顾名思义，就是遥远的感知。

遥感的概念最早由美国海军研究局的地理学家艾弗林·普鲁伊特于 1960 年提出。1961 年，密歇根大学的威罗·兰实验室召开了"环境遥感国际讨论会"。经过 60 余年的研究，遥感作为一门新兴的独立学科，在世界范围内获得了飞速的发展。

遥感技术是 20 世纪 60 年代发展起来的对地观测综合性技术，是一种应用探测仪器，不需要与探测目标直接接触，通过记录目标物体的电磁波谱，从而分析解释物体的特征性质及其变化的综合性探测技术。遥感技术让大面积的同步观测成为现实；可以在短时间内对同一地区进行重复探测，实现对地物的动态监测；其数据具有很强的综合性、可比性和经济性。

随着科学的发展，遥感技术已经成为农业监测的主要手段。人类通过大量的社会实践，发现地球上每个物体都在不停地吸收、发射和反射信息及能量，其中有一种人类已经认识的形式——电磁波。遥感就是根据这个原理来探测地表物体对电磁波的反射和其发射的电磁波，从而提取这些物体的信息，完成远距离识别。

第二节 遥感技术的发展史

广义的讲，遥感技术是从 19 世纪初期（1839 年）出现摄影术开始的。19 世纪中叶（1858 年），就有人使用气球从空中对地面进行摄影。1903 年，乔治·哈雷首次提出了利用摄影测量仪进行地球表面观测的概念，为航空摄影技术的发展奠定了基础。

在 20 世纪 20—30 年代，航空摄影技术得到了进一步的发展。照相机和测量设备的改进使得高质量的航空影像数据得以获取。

到了 1947 年，美国陆军航空队首次使用红外摄影进行地表温度测量。这个重要的里程碑使得遥感技术拓展到了更多的能源波段，为进一步研究地球表面提供了更多的信息。

在遥感技术的发展过程中，1960 年标志着遥感卫星时代的开始。美国成功发射了第一颗地球观测卫星 TIROS-1。这个卫星携带了红外和可见光传感器，为地表观测提供了全新的方式。

1972 年，美国陆地观测卫星（Landsat）计划的运行推动了遥感技术的发展。陆地观测卫星提供了连续的地表观测数据，为环境监测、农业、林业、城市规划等领域提供了宝贵的信息。

在 20 世纪 80 年代，随着计算机技术的快速发展，遥感数据的数字化处理和分析成为可能。数字图像处理和遥感技术的结合使得数据的提取、分类、变换等处理过程更加高效和准确。

进入了 20 世纪 90 年代，遥感技术与地理信息系统（GIS）等地球科学工具相结合，形成了多源数据融合和综合应用的趋势。通过将遥感数据与其他数据源结合，如地形、气候、土壤等，可以更全面地分析和解释地球表面的现象和过程。

2000 年至今，高分辨率、高时空分辨率和多光谱遥感数据的获取和应用不断发展。卫星雷达、激光雷达和高光谱传感器等新技术使得遥感数据具备了更多的细节和信息，为地表观测和资源管理提供了更强大的工具。

总体而言，遥感技术的发展经历了从航空摄影到卫星观测，再到多源数据融合和综合应用的过程。这些技术的进步和创新为地球科学、环境监测、自然资源管理等领域提供了全面而准确的数据来源，推动了科学研究和社会发展。

这期间，我国遥感技术的发展也十分迅速，不仅可以直接接收、处理和提供卫星的遥感信息，而且具有航空航天遥感信息采集的能力，能够自行设计制造像航空摄影机、全景摄影机、红外线扫描仪、多光谱扫描仪、合成孔径侧视雷达等多种用途的航空航天遥感仪器和用于地物波谱测定的仪器，并进行过多次规模较大的航空遥感试验。

第三节　遥感技术介绍及应用

具有全球覆盖、快速、多光谱、大信息量的遥感技术已成为全球环境变化监测中一种主要的技术支持，主要包括以下技术。

一、光学遥感监测技术

1. 可见光、反射红外遥感技术

用可见光和反射红外遥感器进行物体识别和分析的原理是基于每一物体的光谱反射率不同来获得有关目标物的信息。该类技术可以监测大气污染、温室效应、水质污染、固体废弃物污染、热污染等，是比较成熟的遥感技术，目前国际上的商业和非商业卫星遥感器多属此类。

2. 热红外遥感技术

在热红外遥感中，所观测的电磁波的辐射源是目标物，采用波长范围为 $8\sim14\mu m$。热红外遥感主要探测目标物的辐射特性（发射率和温度）。利用热红外遥感技术可以在短时间内重复观测大范围地表的温度分布状况，这种观测是以"一切物体辐射与其本身温度和种类相对应的电磁波"为基础的。

3. 高光谱遥感技术

（1）高光谱遥感。高光谱遥感（Hyperspectral Remote Sensing）始于 20 世纪 80 年代，是指在电磁波谱的紫外、可见光、近红外和中红外区域，获取许多非常窄且光谱连续图像数据技术。高光谱遥感具有较高的光谱分辨率，可广泛应用到农业的多层次定量分析中。

高光谱遥感技术的发展是人类在对地观测方面所取得的重大技术突破之一，是当前乃至下一世纪的遥感前沿技术，又被称为成像光谱技术，是指利用很多很窄的电磁波段从感光性的物体中获取有关数据，它源于多光谱遥感技术，以测谱学为基础，可以在电磁波的紫外、可见光、近红外、中红外以至热红外区域获得许多非常窄且光谱连续的图像数据。特点是波段多、高光谱分辨率、高空间分辨率，它将传统的图像维与光谱维信息融合为一体，在获取地表空间图像的同时，得到每个地物的连续光谱信息，从而实现依据地物光谱特征的地物成分信息反演及地物识别，因此可以在不同的环境污染物监测中发挥主要作用。

农业遥感应用中，特别是作物长势评估、灾害监测和农业管理等方面，利用高光谱遥感数据能准确地反映田间作物本身的光谱特征以及作物之间光谱差异，可以更加精准地获取一些农学信息，如作物含水量、叶绿素含量、叶面积指数（LAI）等生态物理参数，从而方便地预测作物长势和产量。

（2）农业高光谱遥感应用原理。不同的作物具有多种理化性质，具体表现在叶肉细胞、叶片翠绿成分、叶片结构、叶片含水量等层次。这种差异虽然肉眼看不到，但可以通过参与光谱反射面规律性进行科学分析。例如，可见光波段的光谱透射率主要受包括叶绿素在内的各种色斑的影响，而近红外光谱仪波段的透射率则受叶片水分含量、氮元素等因素的影响。因此，作物的基本光谱特征是当今快速获取农业信息的关键途径，对智慧农业具有关键的现实意义。基于高光谱遥感技术的作物检测的基本任务是选择合适的检测指标值，进而对作物特性进行准确、快速、大范围的检测。叶面积指数 LAI（Leaf Area Index）是与作物生长的个体特征和种群特征相关的综合指数值。无论哪种类型，都有统一性。这也是利用叶面积指数检测增益的基础。归一化植被指数 NDVI（Normalized Difference Vegetation Inde）是与叶面积指数 LAI、植被覆盖度、生长发育水平、土壤含水量等相关的综合主要参数。温度条件指数 TCI（Temperature Condition Index）用于反映地温，可以更直观地反映干旱的发生、发展趋势和完成情况。植被状况指数 VSI（Vegetation Status Index）用于反映植物群落的身心健康状况，可以反映同一生理时期植物群落的发展情况。归一化水体指数 NDWI（Normalized Difference Water Index）利用绿色种群中的水质和近红外光谱仪明显的反射面差异来获取水质信息，可以灵敏地反映植物群落冠层水的组成。红边光谱图包含了大量关于植物群落的信息，其光谱特征具有较强的主要表现能力，因此可以从红边光谱图中获取特征参数。

（3）高光谱技术在农业遥感应用中的研究现状。随着高光谱遥感技术的迅速发展，它已经能够准确、快速地提供各种地面遥感数据。农业遥感要求农业资源监测应用和管理有效地结合起来，这就要求在作物长势监测、灾害预测、产量估产以及精准农业管理等方面有更好和更高精度的技术，高光谱遥感技术在很大程度上正好满足了该技术的需求。目前，高光谱遥感技术在农业遥感应用中的研究取得了较大进展，目前主要研究包括以下 7 个方面：①作物叶片光谱特征研究；②作物分类与识别；③作物生态物理参数反演与提取；④作物养分诊断与监测研究；⑤作物长势监测与产量预测；⑥农业遥感信息模型研究；⑦农业灾害监测。

①作物叶片光谱特征研究：作物的叶片光谱特征与作物生长状况有直接的关系，包括光谱反射率变化对作物化学组分敏感性变化、土壤水分胁迫下与正常条件下作物光谱特征变化对作物生长状

况的影响、作物光谱中红边位置与作物叶绿素含量之间关系等。作物叶片光谱特征研究对于应用高光谱遥感技术监测作物病虫害，以及了解农田养分供应状况，采取有效增肥措施和加强农田管理具有积极意义。

正常情况下，作物光谱的红色边缘部分与作物的光合强度等具有中等相关性。使用成像光谱仪从400nm分析水分威胁标准下水稻的光谱特征和反射面的工作能力到1 900 nm的库存波段，发现可以检测到近红外光谱仪中红外库存波段透光率与一阶微分函数进行变换处理，从而获得图谱。

②作物分类与识别：农业遥感应用中，作物精准分类与识别是进行农业灾害监测和产量评估的重要环节。多时相高光谱数据能区分作物更细微的光谱差异，探测作物在更窄波谱范围内的变化，从而准确地对作物进行详细分类与信息提取。目前最流行、应用最广的高光谱作物分类方法有光谱角分类、决策树分层分类等。

③作物生态物理参数反演与提取：作物生态物理参数主要包括作物水分、叶绿素含量等表征农学信息的参量。目前，高光谱遥感数据反演与提取作物生态物理参数主要有3类方法：利用多元回归方法建立高光谱数据（原始反射率、光谱微分等）与作物农学信息参数之间的关系；构建基于光谱特征的光谱指数与作物含水量等农学信息之间的经验方程。建立物理模型来反演与提取作物参数。

④作物养分诊断与监测研究：作物养分主要包括氮、磷、钾等元素，如果缺乏会导致作物光合作用能力和产量降低。近20年来，利用遥感进行作物养分（尤其是氮）实时监测和快速诊断一直是农业应用研究的热点。

农业中常用的氮、磷、钾养分，由于此类矿物元素组成的变化会引起作物叶片结构和叶片形状的变化，因此最容易被作物的光谱反射信息捕捉到，这也是选用高光谱技术确认作物营养成分信息的理论来源。近年来，国内外专家学者对氮与高光谱的相关性进行了大量分析，并取得了一定的成果。对夏玉米叶片的研究表明，作物的氮成分确实会损害相关的光谱反射曲线图，这为基于光谱信息的氮反演技术带来了巨大的可能性，也有专家学者基于光谱变换的概念，利用光谱消解吸收特征法估算叶片中的碳含量，获得了较高的估算精度。

⑤物种识别：高光谱遥感技术可以获得从紫外到中红外的非常窄且连续的光谱图像，能准确反映作物本身的光谱特征和作物间的光谱差异，用于作物种类的鉴别，在目前的研究中，常采用光谱角分类法和决策树分类法来确定高光谱作物的识别。由于太阳辐射强度、地形和反照率等因素对光谱角无害，因此可以采用基于光谱角的作物识别方法来降低这种外部噪声的影响，获得更精确的分类结果。根据作物病害—高光谱图像实体模型的建立和光谱角度识别方法的融合，在区分病小麦和健康小麦方面取得了较好的效果。同时，越来越多的实践经验证明，综合光谱特征和时间序列分析信息可以更准确地识别作物，因此，充分利用多源高光谱遥感影像区域作物识别是一个重要发展趋势。

⑥作物长势监测与产量预测：

作物长势：作物长势是作物生长发育状况评价的综合参数，长势监测是对作物苗情、生长状况与变化的宏观监测。构建时空信息辅助下的高光谱遥感信息与作物生理特性及作物长势之间的关系模型便于作物长势监测，高光谱监测作物长势可分为植被指数以及结合 GIS 技术动态监测等方法。高光谱遥感可以利用植被指数（NDVI、DVI 等）进行农田地表覆盖类型分类和作物长势监测分析。例如，可以利用高光谱数据，通过分析 NDVI 和 DVI，建立农田区域性覆盖指数模型，反映出区域性作物覆盖分异状况和随季节变化规律。此外，海量高光谱遥感数据，结合 GIS 技术、GPS 技术、网络技术和计算机技术，建立服务于农业领域的农情监测系统，对作物长势实现动态的监测，对农情灾害以及粮食产量进行快速预报和准确评估。

　　作物产量预测：作物高光谱遥感产量预测是通过搭载在卫星上的高光谱遥感器，来获取作物各生长时期光谱特征数据，对其反映的产量进行预测。多数研究集中于作物种植面积遥感预测和单产预测。作物种植面积遥感预测算法分为直接算法和间接算法两种。直接算法一般是通过建立作物指数与面积之间回归模型进行求解；而间接算法是利用绿度—麦土比模式求出麦土比值作为已知值，然后利用土地面积乘以已知值求解作物种植面积。单产预测是以作物生长状况在高光谱遥感光谱特征中得到表征为理论支撑的。基于作物各生长期不同植被指数组合方法开展产量估算是最为常见的方法。

　　⑦农业遥感信息模型研究：农业遥感信息模型是应用遥感信息和地理信息影像化的方法，集成农学模型、数理模型和地学模型建立起来的一种模型。常见的农业遥感信息模型包括土壤含水量遥感信息模型、作物旱灾估算遥感信息模型等。当前，基于多光谱遥感数据源为主流的遥感信息模型在农业领域已经取得了较好的应用效果。鉴于高光谱数据昂贵价格以及数据处理复杂性，这方面研究较少，但是随着高光谱遥感数据的迅猛发展，基于高光谱的遥感信息模型将会在农业应用中大有作为。

　　⑧农业灾害研究：目前，遥感农业灾害监测已经广泛用于农业干旱监测、病虫害监测等多方面。高光谱遥感的高光谱分辨率、大面积同步观测等特点为区域性农业灾害监测与评估带来了福音。

　　农业干旱监测：干旱是一种潜在的自然现象，它的发生过程复杂，通常表现为一种变化缓慢的自然灾害，至今干旱还没有一个统一的定义。常用的遥感农业干旱监测方法分为植被指数—地表温度法、热惯量法等。

　　植被指数—地表温度法是综合利用可见光、近红外和热红外波段信息提取表征农业干旱的生态物理参数如植被指数、地表温度等，构建这些参数组成的光谱特征空间模型监测干旱。植被指数—地表温度法虽然简单、灵活，但是经验性太强，监测精度受到一定的限制。热惯量法利用不同物质之间热惯量不同的特性，以土壤水分与土壤温度变化的关系为指导思路建立干旱监测模型。热惯量法虽然精度较高，但是所需参数较多，只能适用于裸土或者很低植被覆盖区域。此外，作物缺水指数（CWSI）、微波遥感等方法在农田干旱监测中也越来越得到重视。

农业病虫害监测：高光谱遥感特有的光谱匹配和光谱微分技术使其在农业病虫害监测中得到研究者的青睐。其中，基于波谱波长位置变量分析方法是农业病虫害监测的主要方法，国内外许多学者基于高光谱影像分析了作物病害光谱响应，利用红边参数、迭代自组织、二项式分析等方法开展了小麦等作物条锈病光谱信息探测与识别研究，病虫害识别效果较好。随着海量高光谱遥感数据的获取，区域性农业病虫害监测研究也越来越完善。

[基于高光谱遥感的应用举例]

基于成像高光谱的小麦叶片叶绿素含量估测模型研究

叶绿素含量是植物生长过程中一个重要的生化参数，对植被光合能力、发育阶段以及营养状况有指示作用[1]。目前，常用于叶绿素含量监测的方法为分光光度法和 SPAD-502 型叶绿素仪仪法，传统的分光光度法费时、费力，属于有损检测，很难满足精准农业实时、快速、无损和大面积监测的要求。日本 Minolta Camera 公司生产的手持式 SPAD-502 型叶绿素仪只能逐点对叶片进行监测，并且需要测定多株平均值作为测定结果，工作量大[2]。高光谱遥感是一种快速、无损监测技术，可在不破坏植物组织结构的前提下，实现对作物生长季营养状况的监测[3]。国内学者对小麦高光谱的研究主要集中在小麦叶片氮含量高光谱差异[4]及其估算[5]、小麦生物量及叶面积指数估算[6-7]、小麦条锈病[8-9]、小麦全蚀病[10]、小麦白粉病[11]、小麦籽粒蛋白质含量[12]的研究方面。在小麦叶绿素含量研究上主要集中于山西省[13]、河南省[14]、浙江省[15]等地，但对山东区域小麦叶绿素高光谱估测的研究鲜有报道。本研究尝试利用在试验区测定的小麦高光谱与实测的小麦叶绿素含量数据，在进行相关分析的基础上，建立小麦叶片叶绿素含量与光谱特征参量间的定量关系模型，以期为利用高光谱遥感技术对小麦生长监测提供理论依据和技术支持。

1　材料和方法

1.1　试验概况及样品采集

试验于 2014 年 11 月至 2015 年 6 月在山东省济南市章丘区龙山试验基地（117.53°E，36.72°N）进行，供试品种为济麦 22，播种量为 150kg/hm^2。试验纯氮用量 280kg/hm^2，磷、钾肥用量同当地常规，其他栽培管理措施与当地麦田相同。数据测定和采样时期分别为：4 月 10 日（拔节期）、4 月 17 日（孕穗期）、4 月 30 日（抽穗期）、5 月 12 日（开花期）、5 月 22 日（灌浆期）、6 月 2 日（成熟期）。

1.2　项目测定与方法

1.2.1　小麦光谱数据

冠层叶片光谱测量采用美国 Surface Optics Corporation 公司生产的 SOC 710VP 可见–近红外高光谱成像式地物光谱仪，光谱范围为370~1 000nm，光谱分辨率为 4.687 5nm。

光谱测定在可控制光照条件（钨灯照明）实验室内进行。测定前，将待测光谱的叶片表面擦拭干净。测定时，将叶片单层平整放置于反射率近似为 0 的黑色试验平台上，叶片两端用黑色板压住防止叶片上翘。光谱仪的视场角为 25°，探头距待测叶片 0.50m，垂直向下正对待测叶片的中部。为了消除外界干扰以保证精度，在试验区选定两处固定位置，每个位置取 6~8 片叶片，这两处叶片的高光谱反射率平均值作为该区的光谱反射率，测量过程中及时进行标准白板校正。

1.2.2 小麦叶绿素 SPAD 值测定

本次试验采用 SPAD-502 叶绿素仪测量小麦冠层叶片的 SPAD 值。小麦叶绿素 SPAD 值测定与光谱测量同步，为了减少测定误差，测定时，在处理区域连续取 5 个值，求平均，作为一个测定值，连续测 5 组数据。

1.3 高光谱数据预处理

数据预处理采用 SRAnal 710 软件、SOC 710 软件，获得的高光谱图像数据经过 3 个步骤的标定，包括光谱标定、黑场标定和光谱辐射标定。利用 SRAnal 710 软件从所测光谱数据中提取反射率。

为了消除原始光谱数据中干扰因素对所建模型的影响，采用 5 点加权平滑法对采集的原始光谱进行平滑处理。

小麦叶片红边位置的提取采用对原始光谱数据求一阶导数法，红边区域内蕴含着丰富的植被生长信息，与植物生理生化参数关系密切，对反射率求一阶导数能达到减弱背景因素影响的目的，将植物光谱的变化特征较清晰地反映出来，一阶导数变化最大的波段位于红边区域。

1.4 数据处理方法

所有的数据在 Excel 中进行录入，采用 ENVI 4.7 进行图像处理，采用 OriginPro 8.5、SPSS 18.0 和 Matlab 进行相关分析等处理。

对于小麦叶片原始光谱反射率与叶绿素含量的相关性，采用皮尔逊（Pearson）相关系数进行表征。Pearson 相关系数的绝对值越大，相关性越强。

为检验实测值与估测值之间的拟合效果，采用决定系数（R^2）、均方根误差（$RMSE$）以及相对误差（RE）对模型进行测试和检验，从而筛选小麦叶片叶绿素含量的最佳高光谱监测模型。

2　结果与分析

2.1　不同生育时期小麦叶片的高光谱特征

图 1 表明，在不同的生育时期，小麦叶片光谱反射率的形状及其变化趋势基本相似。不同生育时期小麦叶片的反射率在可见光范围变化趋势基本一致，差异不明显，从高到低依次为灌浆期、孕穗期、抽穗期、拔节期、开花期、成熟期。在近红外区域，不同生育时期小麦叶片的高光谱曲线反射率在反射平台上差异明显，反射率从高到低依次为灌浆期、孕穗期、抽穗期、拔节期、开花期、成熟期。

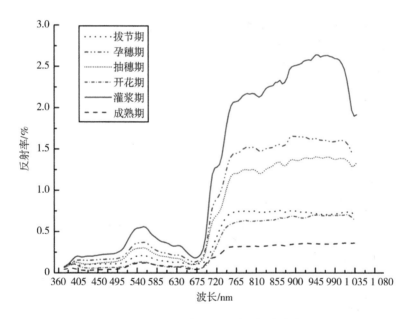

图 1　不同生育时期小麦叶片光谱反射率的变化特征

相同的生育期内，在不同的波段范围内，随波长的推移，其光谱反射率表现出不同的特征。在从 500nm 开始的绿波段，叶片的吸收减少，反射率增强，在 550nm 附近形成明显的反射率峰。此波峰左侧是蓝、紫光波段吸收谷，右侧是 675nm 左右的红光波段吸收谷，之后反射率出现陡升，在 750~1 080nm附近红外波段形成 1 个较高的反射平台。

2.2　红边位置的提取

红边是绿色植物在 680~760nm 的反射率增高最快的点，也是一阶导数在该区间的拐点，是由于植物在红光波段强烈的吸收与近红外波段强烈的反射造成的。

从图 2 小麦叶片一阶导数光谱图可以看出，曲线变化趋势基本相似。在 523nm、710nm 处形成明显的波峰。在 564nm、652nm 形成明显的波谷。采用一阶导数最大值所在波段提取红边位置。本研究的红边位置为 726nm 波长处。其与原始光谱的相关系数达到 0.671，而该处一阶导数的相关系数为 0.768，因此将红边位置的光谱反射率一阶导数确定为敏感变量。

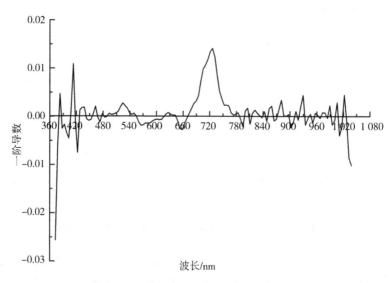

图 2　小麦叶片一阶导数光谱曲线特征

2.3 小麦叶片光谱反射率及其一阶导数与叶绿素含量的相关分析

对小麦叶片原始光谱反射率与叶绿素含量进行相关分析，结合SPSS 统计分析结果（图3）表明，小麦冠层原始光谱反射率与叶绿素含量呈正相关。在 372~397nm 波段小麦冠层的原始光谱反射率与叶绿素含量呈显著正相关（$P<0.05$）。在可见光范围内最大相关系数出现在波长为 732nm 的位置上，Pearson 相关系数为 0.696。在 377~407nm 和 694~742nm 达到相关系数峰值，平均相关系数分别为 0.807 和 0.641，因此选择这两组波段的原始光谱反射率作为估测小麦叶片叶绿素含量的敏感波段。

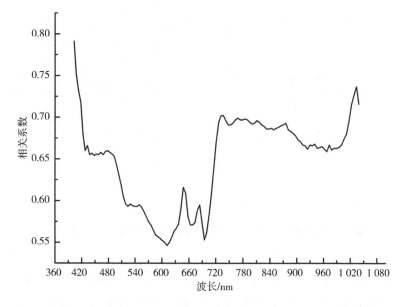

图3 小麦冠层原始光谱反射率与叶绿素含量的相关性

在近红外范围内最大相关系数出现在波长为 1 033nm 的位置上，Pearson 相关系数为 0.737。另外一个波峰的位置出现在波长为973nm处，此处的Pearson相关系数为0.667。

由小麦叶片原始光谱反射率的一阶导数与叶绿素含量进行相关分析（图4），结合SPSS统计分析结果可以得出，在波长377nm处的Pearson相关系数为0.846，显著性（双向）水平$P<0.05$，在波长757nm的Pearson相关系数为0.864，显著性（双向）水平$P<0.05$；在波长742nm处的Pearson相关系数为0.641，显著性（双向）水平为$P<0.05$。

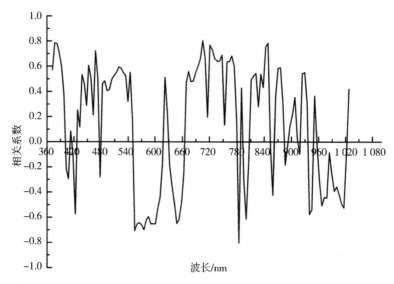

图4　小麦冠层原始光谱反射率一阶导数与叶绿素含量的相关性

在近红外范围内，在波长940nm处出现波峰，Pearson相关系数为0.553；在波长918nm处出现波峰，Pearson相关系数为0.355；在927nm处出现波谷，Pearson相关系数为-0.524；在波长951nm处出现波谷，Pearson相关系数为-0.576，因此将这些波段的一阶导数值以及其所在的区间作为敏感变量。

由以上分析，共选择5个波段区间和7个单波段组合作为敏感变量，分别为732nm、377～407nm、694～742nm的原始光谱反射率；503~544nm、684~715nm、736~763nm，以及 377nm、523nm、710nm、742nm、757nm 一阶导数；红边位置 726nm 一阶导数。

2.4　基于敏感性波段的模型建立

运用 SPSS 软件，将敏感波段进行各种变换后所建立回归模型，进行比较找出每种变换中拟合度较高的模型，筛选结果见表 1。

表 1　回归模型及其参数的准确性（$n = 84$）

变量	估测模型	R^2	F	P
R_{382}	线性函数 SPAD = 34.305 + 247.061 R_{382}	0.685*	8.684	0.042
	对数函数 SPAD = 102.768 + 19.04ln R_{382}	0.741*	11.416	0.028
	幂函数 SPAD = 138.229 $R_{382}x^{0.37}$	0.762*	12.778	0.023
R_{387}	线性函数 SPAD = 36.75 + 188.168 R_{387}	0.691*	8.938	0.04
	对数函数 SPAD = 95.236 + 16.983ln R_{387}	0.756*	12.374	0.025
	幂函数 SPAD = 119.131 $R_{387}^{0.329}$	0.772*	13.561	0.021
R_{392}	线性函数 SPAD = 40.235 + 134.913 R_{392}	0.738*	11.280	0.028
	对数函数 SPAD = 86.869 + 14.059ln R_{392}	0.835*	20.25	0.011
	二次多项式函数 SPAD = 468.482 $R_{392}^2 - 1\,539.252\,R_{392} + 23.912$	0.887*	11.769	0.038
	幂函数 SPAD = 100.957 $R_{392}^{0.27}$	0.843*	21.5	0.01
R_{402}	对数函数 SPAD = 76.68 + 9.312ln R_{402}	0.814*	17.526	0.014
	二次多项式函数 SPAD = 325.512 $R_{402}^2 - 996.267\,R_{402} + 33.775$	0.904*	14.115	0.03
	幂函数 SPAD = 82.828 $R_{402}^{0.178}$	0.814*	17.535	0.014
R_{407}	对数函数 SPAD = 74.559 + 8.106ln R_{407}	0.764*	12.926	0.023
	幂函数 SPAD = 79.565 $R_{407}^{0.155}$	0.766*	13.058	0.022
R_{726}	对数函数 SPAD = 59.812 + 7.316ln R_{726}	0.679*	8.446	0.044
	幂函数 SPAD = 59.958 $R_{726}^{0.14}$	0.676*	8.353	0.045
R_{731}	对数函数 SPAD = 59.177 + 7.628ln R_{731}	0.692*	9.002	0.04
	幂函数 SPAD = 59.236 $R_{731}^{0.146}$	0.69*	8.914	0.041

（续表）

变量	估测模型	R^2	F	P
R_{736}	对数函数 SPAD=58.368+7.547ln R_{736}	0.698*	9.248	0.038
	幂函数 SPAD=58.326 $R_{736}^{0.144}$	0.696*	9.137	0.039
R'_{705}	对数函数 SPAD=77.907+5.372ln R'_{705}	0.704*	9.502	0.037
	幂函数 SPAD=84.625 $R'^{0.102}_{705}$	0.697*	9.202	0.039
R'_{710}	对数函数 SPAD=80.813+5.52ln R'_{710}	0.863**	25.245	0.007
	二次多项式函数 SPAD=1 625.671 R'^2_{710}−38 636.975 R'_{710}+42.779	0.873*	10.353	0.045
	幂函数 SPAD=89.931 $R'^{0.106}_{710}$	0.875*	27.922	0.006
R'_{715}	对数函数 SPAD=81.306+5.095ln x	0.713*	9.916	0.035
	二次多项式函数 SPAD=4 273.136 R'^2_{715}−24 5671.338 R'_{715}−1.561E7	0.994**	254.737	0.000
	三次多项式函数 SPAD=2 094.242 R'^3_{715}+112 646.744 R'^2_{715}−1.561E7 R'_{715}+42.991	1.000**	3 247.428	0.000
R'_{726}	对数函数 SPAD=115.867+12.963ln R'_{726}	0.677*	8.370	0.044
	二次多项式函数 SPAD=12 707.275 R'_{726}−646 607.164 R'_{726}−1.837	0.931*	20.122	0.018
	三次多项式函数 SPAD=7 455.552 R'^3_{726}−20.503E7 R'_{726}+11.318	0.942*	24.314	0.014
	幂函数 SPAD=178.989 $R'^{0.253}_{726}$	0.701*	9.367	0.038
R'_{736}	对数函数 SPAD=81.812+5.933ln R'_{736}	0.683*	8.633	0.042
	幂函数 SPAD=91.093 $R'^{0.113}_{736}$	0.675*	8.298	0.045
R'_{752}	对数函数 SPAD=78.254+4.002ln R'_{752}	0.707*	9.657	0.036
	幂函数 SPAD=85.184 $R'^{0.076}_{752}$	0.7*	9.343	0.038
R'_{757}	线性函数 SPAD=49.022+2 688.112 R'_{757}	0.747*	11.832	0.026
	二次多项式函数 SPAD=6 292.587 R'^2_{757}−733 208.776 R'_{757}+46.603	0.977**	64.787	0.003
	三次多项式函数 SPAD=4 438.758 R'^3_{757}+406 231.726 R'^2_{757}−1.499E8 R'_{757}+46.333	0.986*	47.258	0.021

注：** 表示 $P<0.01$；* 表示 $P<0.05$。

从表 1 可以看出，以 715nm 处的一阶导数作为变量确定的三次多项式函数估测模型，R^2 最大，达到 1.000；其次是以 715nm 处的一阶导数作为变量确定的二次多项式函数估测模型，R^2 达到 0.994；以 757nm 和 726nm 处的一阶导数作为变量确定的二次、三次多项式函数估测模型 R^2 分别达到 0.977、0.986 和 0.931、0.942，以 392nm 和 402nm 处的反射光谱原始值为变量确定的二次多项式函数估测模型 R^2 分别达到 0.887、0.904，均较大。其余模型相对较小。因此，选择这 9 个估测模型以及显著性相关的 4 个线性函数进一步进行模型验证。

2.5　模型验证

为了检验估测模型的精确性和可靠性，随机抽取在同组试验中测定的小麦叶片试验数据，对筛选出的小麦叶片 SPAD 值的估测模型进行测试与检验，筛选出检验精度高的模型。由表 2 可以看出，R_{387} 进行检验拟合方程的 R^2 达到了 0.713，$RMSE$ 最小，所建立的小麦叶片叶绿素含量监测模型具有良好的拟合效果，这表明，R_{387} 模型对小麦叶片叶绿素含量具有较好的监测效果，其次为 R_{382}。其他估测模型检测精度均较低将其排除。

因此，最佳估测模型为以 R_{387} 为变量的线性函数模型和以 R'_{715} 为变量的三次多项式函数模型。

表 2　模型的拟合精度参数检查 （$n=12$）

变量	估测模型	实测值与估测值拟合方程	检验指标			
			Slope	R^2	RMSE	RE（%）
R'_{715}	SPAD = 2 094.242 R'^3_{715} + 112 646.744 R'^2_{715} − 1.561E7 R'_{715} + 42.991	$y = 0.758x + 9.750$	0.758	0.297	4.124	8.74

（续表）

变量	估测模型	实测值与估测值拟合方程	检验指标			
			Slope	R^2	RMSE	RE（%）
R'_{757}	$SPAD = 4\ 438.758$ $R'^3_{757} + 406\ 231.726$ $R'^2_{757} - 1.499E8$ $R'_{757} + 46.333$	$y = 0.336x + 37.83$	0.336	0.155	3.751	5.82
R_{382}	$SPAD = 34.305 + 247.061$ R_{382}	$y = 0.784x + 12.84$	0.784	0.558	1.337	1.14
R_{387}	$SPAD = 36.75 + 188.168$ R_{387}	$y = 0.860x + 7.857$	0.860	0.713	1.952	1.81
R_{392}	$SPAD = 40.235 + 134.913$ R_{392}	$y = 0.872x + 7.930$	0.872	0.564	3.448	5.68

3　结论与讨论

受季节、土壤、气候等自然因素和施肥、栽培技术与管理等人为因素的影响，小麦叶片的高光谱信息会有不同的变化。本研究主要是对特定氮处理水平下小麦叶片叶绿素含量进行监测研究，并用同一区域的样本数据对模型进行了验证，增强了监测模型的可信性和适应性，但是对于不同地区、不同品种、不同生长时期的小麦叶片叶绿素含量检测是否适用，还需要做进一步的探索。

本研究利用叶绿素含量与高光谱特征参量之间的关系，建立了小麦叶绿素含量的估测模型，经过精度检验分析对比，最后确定山东区域小麦叶绿素含量的最佳估测模型为以 R_{387} 为变量的模型线性函数 $SPAD = 36.75 + 188.168R_{387}$ 和以 R'_{715} 为变量的模型线性函数三次多项式函数 $SPAD = 2\ 094.242\ R'^3_{715} + 112\ 646.744\ R'^2_{715} - 1.561E7\ R'_{715} + 42.991$。该模型为小麦叶绿素含量的估测提供了方法和参考，对小麦的精准施肥以及快速、无损长势监测具有一定的指导意义和参考价值。

参考文献

[1]　蒋金豹，陈云浩，黄文江．用高光谱微分指数估测条锈病胁迫下小麦冠层叶绿素密度 [J]．光谱学与光谱分析，2010，30（8）：2243-2247.

[2]　王纪华，黄文江，劳彩莲，等．运用 PLS 算法由小麦冠层反射光谱反演氮素垂直分布 [J]．光谱学与光谱分析，2007，27（7）：1319-1322.

[3]　王克如，潘文超，李少昆，等．不同施氮量棉花冠层高光谱特征研究 [J]．光谱学与光谱分析，2011，31（7）：1868-1872.

[4]　翟清云，张娟娟，熊淑萍，等．基于不同土壤质地的小麦叶片氮含量高光谱差异及监测模型构建 [J]．中国农业科学，2013，46（13）：2655-2667.

[5]　刘旻帝，薛建辉，褚军，等．基于高光谱指数的林农复合系统小麦冠层氮含量估算研究 [J]．南京林业大学学报（自然科学版），2015，39（3）：91-95.

[6]　孙小艳，常学礼，张宁，等．不同取样单元对干旱区绿洲小麦地上生物量光谱估算模型的影响 [J]．中国沙漠，2012，32（2）：568-573.

[7]　侯学会，牛铮，黄妮，等．小麦生物量和真实叶面积指数的高光谱遥感估算模型 [J]．国土资源遥感，2012，95（4）：30-35.

[8]　王海光，马占鸿，王韬，等．高光谱在小麦条锈病严重度分级识别中的应用 [J]．光谱学与光谱分析，2007，27（9）：1811-1814.

[9]　王爽，马占鸿，孙振宇，等．基于高光谱遥感的小麦条锈病胁迫下的产量损失估计 [J]．中国农学通报，2011，27（21）：253-258.

[10]　乔红波，师越，郭伟，等．利用近地成像高光谱遥感对小麦全蚀病的监测 [J]．植物保护学报，2015，42（3）：475-476.

[11]　沈文颖，冯伟，李晓，等．基于叶片高光谱特征的小麦白粉病严重度估算模式 [J]．麦类作物学报，2015，35（1）：129-137.

[12]　冯伟，姚霞，田永超，等．小麦籽粒蛋白质含量高光谱预测模型

研究 [J]. 作物学报, 2007, 33 (12): 1935-1942.

[13] 李方舟, 冯美臣, 杨武德, 等. 水旱地冬小麦叶绿素含量高光谱监测 [J]. 生态学杂志, 2013, 32 (12): 3213-3218.

[14] 张娟娟, 熊淑萍, 翟清云, 等. 不同土壤质地小麦叶片叶绿素的高光谱响应及估测模型 [J]. 麦类作物学报, 2014, 34 (5): 642-647.

[15] 杨海清, 姚建松, 何勇. 基于反射光谱技术的植物叶片 SPAD 值预测建模方法研究 [J]. 光谱学与光谱分析, 2009, 29 (6): 1607-1610.

葡萄叶片叶绿素含量高光谱估测模型研究

叶绿素含量在指示植物营养胁迫、光合作用能力和生长状况等方面具有重要作用。传统的叶绿素含量测定一般采用破坏性的分光光度法, 不仅烦琐、费时, 而且野外条件下样本的保存及运输都存在困难。SPAD-502 型叶绿素仪可以无损地即时测量植物叶片的叶绿素相对含量 (SPAD 值), 使用简单、方便, 且 SPAD 值与叶片的实际叶绿素含量呈显著正相关[1], 可以很好地表征植物叶片的叶绿素变化趋势, 但该方法只能逐点对单个叶片进行测量, 测定结果受叶片大小、厚薄影响较大, 需取多次测定结果的平均值作为最终测定结果, 工作量大[2]。

高光谱遥感是一种快速、无损的监测技术, 可在不破坏植物组织结构的前提下, 实现对作物生长季营养状况的监测[3,4]。目前, 国内学者对高光谱遥感技术在作物生长监测方面的研究多集中在水稻[5]、玉米[6,7]、小麦[8] 等粮食作物以及棉花[9]、大豆[10]、苹果[11] 等经济作物上, 而在葡萄上的应用研究主要是针对果实, 如徐丽等[12] 使用高光谱成像系统采集葡萄漫反射光谱, 提出一种应用高光谱成像技术检测葡萄可溶性固形物含量的方法, 并证明基于高光谱成像技术可以实现采后葡萄可溶性固形物含量的准确无损检测; 吴迪等[13] 采集 60 组酿酒葡萄样本高光谱图像, 获取样本光谱曲线，并采用多元散射校正预处理方法提高信噪比，最终应用高光谱成像技术结合连续投影算法实现葡萄果皮中花色苷含量的快速无损检测，结果表明，利用近红外高光谱成像技术能够有效检测酿酒葡萄果皮中的花色苷含量；刘旭等[14]以酿酒葡萄赤霞珠果实为研究对象，采集 60 组样本的 900~1 700nm 近红外波段高光谱图像，利用高光谱成像技术检测葡萄果皮中的花色苷含量，并用 pH 示差法测量样本果皮中花色苷含量，结果显示基于 PLSR 模型推荐的 13 个隐含变量建立的 BP 神经网络模型的预测决定系数和预测均方根误差分别为 0.910 2 和 0.379 5；杨杰等[15]为明确采用高光谱成像技术对葡萄可溶性固形物检测的可行性，用高光谱成像系统采集葡萄样本的漫反射光谱，建立葡萄可溶性固形物的定量预测模型，并对比分析不同光程校正方法、不同预处理方法对建模精度的影响，结果表明，应用高光谱成像技术可以对葡萄可溶性固形物含量进行无损检测。但利用高光谱反射率对生长时期葡萄叶片叶绿素含量反演方面的研究甚少。本研究尝试利用葡萄叶片高光谱与叶绿素相对含量（SPAD 值）数据，经相关分析筛选出敏感波段，并在此基础上建立葡萄叶片 SPAD 值与敏感波段光谱特征参量间的定量关系模型，探求利用光谱分析技术监测葡萄叶片叶绿素状况的可行性。

1 材料与方法

1.1 叶绿素测定及样品采集

2017 年 6 月 8 日从山东省泰安市万吉山葡萄种植基地，选择巨玫瑰葡萄品种生长一致、健康的叶片，用 SPAD-502 型叶绿素仪测其 SPAD 值，然后采下叶片进行标记后立即装于保鲜袋中，在确保低温、无损害的条件下带回实验室，用于高光谱测定。

1.2 光谱数据采集

采用美国 Surface Optics Corporation 公司生产的 SOC 710VP 可见-近红外高光谱成像式地物光谱仪在可控制光照条件（钨灯照明）的实验室内进行，光谱范围为 350~1 050nm，光谱分辨率为 4.687 5nm。测定前，先用标准白板进行校正，并将待测叶片表面擦拭干净。测定时，将叶片单层、平整放置于反射率近似为 0 的黑色试验平台上，两端用黑色板压住防止叶片上翘；光谱仪的视场角为 25°，探头距待测叶片 0.50m，垂直向下正对待测叶片的中部。

1.3 数据处理与分析

1.3.1 数据预处理

SOC 710VP 可见-近红外高光谱成像式地物光谱仪获得的高光谱图像立方数据是灰度值（DN 值），灰度值是遥感影像像元亮度值，无单位，是一个整数值，值的大小与传感器的辐射分辨率、地物反射率、大气透过率和散射率等有关。为了便于计算和数据的分析处理，需将 DN 值转换成反射率值，利用 SOC 710VP 可见-近红外高光谱成像式地物光谱仪自带的分析软件 SRAnal 710 通过降噪、光谱标定、黑场标定及空间、光谱辐射标定等一系列操作来实现转换。

1.3.2 数据统计分析及模型检验

采用 ENVI 4.7 软件对数据进行进一步处理，选取感兴趣区，并计算得出每个波段所对应的平均反射率值。采用 OriginPro 8.5、SPSS 18.0 和 Matlab 进行一阶函数求导、相关分析等处理。

利用皮尔逊相关系数（Pearson）表征葡萄叶片原始光谱反射率、原始光谱反射率一阶导数与 SPAD 值的相关关系，Pearson 相关系数的绝对值越大，相关性越强。

为检验模型估测的准确性，采用决定系数（R^2）对模型进行测试和检验，筛选出适合葡萄叶片叶绿素含量的最佳高光谱监测模型。

2 结果与分析

2.1 葡萄叶片的高光谱特征

从图 1 可以看出，葡萄叶片的光谱反射率在紫光波段的 373～418nm 处形成一个小的反射率峰，峰值出现在 393nm 处；另一个较大的峰是在绿光和可见光区域的 524～591nm 处，在从 500nm 开始的绿波段，叶片的吸收减少，反射率增强，在 555nm 处达到明显的反射率峰值，其左侧 450nm 处为蓝光波段吸收谷，右侧 675nm 处为红光波段吸收谷；之后反射率陡升，在 774~989nm 的近红外波段形成一个较高的反射平台，可能是由于叶片的多孔薄壁细胞组织对近红外光强烈反射形成的；995nm 之后，葡萄叶片的光谱反射率开始下降。

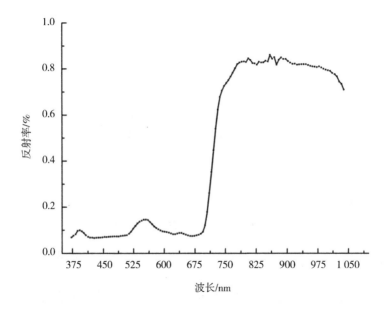

图1　葡萄叶片光谱反射率的变化特征

2.2　红边位置的提取

红边是绿色植物在 680~760nm 反射率增高最快的点，也是原始光谱一阶导数在该区间的拐点。红边区域内蕴含着丰富的植被生长信息，与植物生理生化参数关系密切。本研究中葡萄叶片红边位置的提取采用对原始光谱数据求一阶导数法，一阶导数变化最大的波段即为红边区域。对原始光谱反射率求一阶导数能达到减弱背景因素影响的目的，将植物光谱的变化特征较清晰地反映出来。从图2可以看出，在680～750nm处有一个明显的反射率峰，峰值位于720nm波长处，即为本研究的红边位置。

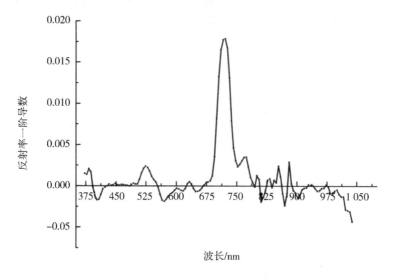

图2　葡萄叶片一阶导数光谱曲线特征

2.3　葡萄叶片高光谱反射率及其一阶导数与叶绿素含量的相关分析

利用SPSS对葡萄叶片原始光谱反射率与叶绿素含量进行相关分析，结果（图3）显示，在波段398～408nm、462～498nm、669～684nm、726～1 039nm处，葡萄叶片的原始光谱反射率与叶绿素含量呈正相关，其余波段处为负相关，但均未达到显著水平。

对葡萄叶片原始光谱反射率求一阶导数，并分析其与叶绿素含量的相关性，结果表明，在524nm、529nm、575nm、601nm、689nm处葡萄叶片光谱反射率的一阶导数与叶绿素含量极显著相关，Pearson相关系数依次为 $-0.816\ 74$、$-0.805\ 2$、$0.780\ 865$、$0.899\ 322$、$-0.847\ 06$；在 498nm、509nm、514nm、519nm、534nm、570nm、

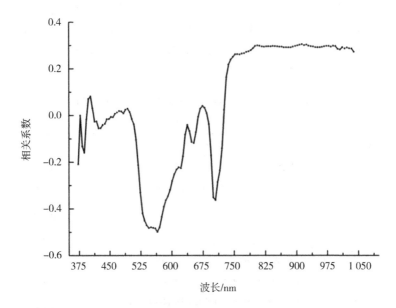

图 3 葡萄叶片原始光谱反射率与叶绿素含量的相关性

580nm、596nm、606nm、695nm、790nm、795nm、995nm、1 000nm处两者间显著相关，Pearson 相关系数依次为 $-0.762\ 41$、$-0.678\ 71$、$-0.685\ 96$、$-0.757\ 86$、$-0.693\ 67$、$0.762\ 222$、$0.719\ 671$、$0.693\ 82$、$0.639\ 712$、$-0.763\ 06$、$0.764\ 118$、$0.691\ 367$、$-0.740\ 11$、$-0.763\ 45$。

2.4 基于敏感波段的模型建立

根据以上分析，选取原始光谱反射率一阶导数与叶绿素含量极显著相关的 5 个波段（524nm、529nm、575nm、601nm、689nm）、显著相关中 Pearson 相关系数绝对值比较大的 5 个波段（498nm、570nm、695nm、790nm、1 000nm）以及红边位置（720nm），运用SPSS 软件，建立 SPAD 值与敏感波段反射率一阶导数的回归模型，结果见表 1。

可以看出，以 601nm 处光谱反射率的一阶导数作为变量确定的线性函数估测模型和二次多项式估测模型 R^2 最大，均达到

0.809；其次是以 689nm 处光谱反射率的一阶导数作为变量确定的幂函数、对数函数、二次多项式函数和线性函数估测模型，R^2 的值分别为 0.726、0.720、0.719、0.718。因此，选择 601nm 波段的两个估测模型进行进一步验证。

表1　葡萄叶片光谱反射率一阶导数与 SPAD 值的回归模型及相关参数（$n = 130$）

变量	估测模型	R^2
R'_{498}	线性函数 SPAD = 57.711−52 226.857 R'_{498}	0.581 **
	对数函数 SPAD = −41.705−10.382ln R'_{498}	0.523 *
	二次多项式函数 SPAD = 21 366.093 R'^2_{498} − 1.627E8 R'_{498} + 50.084	0.605 *
	幂函数 SPAD = 6.437 $R'^{-0.232}_{498}$	0.526 *
R'_{524}	线性函数 SPAD = 66.256−8 441.920 R'_{524}	0.667 **
	对数函数 SPAD = −78.173−20.529lnR'_{524}	0.677 **
	二次多项式函数 SPAD = 1 902 038.804 R'^2_{524} − 17 873.263 R'_{524} + 77.577	0.674 *
	幂函数 SPAD = 2.946 $R'^{-0.454}_{524}$	0.666 **
R'_{529}	线性函数 SPAD = 69.485−10 472.070 R'_{529}	0.648 **
	对数函数 SPAD = −92.639−22.682lnR'_{529}	0.644 **
	二次多项式函数 SPAD = −9 602.218 R'^2_{529} − 195 152.829 R'_{529} + 68.539	0.648 *
	三次多项式函数 SPAD = −9 335.737 R'^3_{529} − 7.484E7 R'_{529} + 67.840	0.649 *
	幂函数 SPAD = 2.180 $R'^{-0.498}_{529}$	0.625 **
R'_{575}	线性函数 SPAD = 67.354+12 893.082 R'_{575}	0.610 **
	二次多项式函数 SPAD = 5 674 673.564 R'^2_{575} + 32 646.951 R'_{575} + 84.083	0.617 *
R'_{570}	线性函数 SPAD = 70.008+12 707.378 R'_{570}	0.581 **
	二次多项式函数 SPAD = 555 731.152 R'^2_{570} + 14 859.881 R'_{570} + 72.051	0.581 *

（续表）

变量	估测模型	R^2
R'_{601}	线性函数 SPAD=59.352+44 836.313 R'_{601}	0.809 **
	二次多项式函数 SPAD=1.244E7 R'^2_{601} + 53 106.344 R'_{601} +60.610	0.809 **
R'_{695}	线性函数 SPAD=64.725-5 268.415 R'_{695}	0.582 **
	对数函数 SPAD=-61.261-18.963lnR'_{695}	0.596 **
	二次多项式函数 SPAD=1 615 377.880 R'^2_{695} - 17 020.236R'_{695}+85.407	0.599 *
	幂函数 SPAD=4.336 $R'^{-0.417}_{695}$	0.580 *
R'_{689}	线性函数 SPAD=63.271-14 211.047 R'_{689}	0.718 **
	对数函数 SPAD=-75.690-18.067ln R'_{689}	0.720 **
	二次多项式函数 SPAD=2 407 010.483 R'^2_{689} - 20 519.596 R'_{689}+67.210	0.719 *
	幂函数 SPAD=3.002 $R'^{-0.404}_{689}$	0.726 **
R'_{720}	线性函数 SPAD=34.594+643.280 R'_{720}	0.181
	对数函数 SPAD=91.928+11.353ln R'_{720}	0.167
R_{720}	线性函数 SPAD=50.738-10.427 R_{720}	0.020
	二次多项式函数 SPAD=-619.268 R^2_{720} - 699.120 R_{720}+180.647	0.344
R'_{790}	线性函数 SPAD=40.581+12 981.253 R'_{790}	0.584 **
	对数函数 SPAD=82.636+4.568lnR'_{790}	0.553 *
	二次多项式函数 SPAD=-338 740.253 R'^2_{790} + 13 296.317 R'_{790}+40.532	0.584 *
	幂函数 SPAD=102.854 $R'^{0.101}_{790}$	0.544 *
$R'_{1 000}$	线性函数 SPAD=40.198-12 155.100 $R'_{1 000}$	0.583 **
	二次多项式函数 SPAD=-1.463E7 $R'^2_{1 000}$ -25 362.309 $R'_{1 000}$+38.383	0.611 *

　　为了检验估测模型的精确性和可靠性，选取同时期在同一地点测定的 20 个样本的叶片光谱反射率和叶绿素含量数据，对筛选出

的葡萄叶片 SPAD 值的估测模型进行测试和验证，得到预测值与真实值的拟合方程，由表 2 可以看出，模型 SPAD = 59. 352 + 44 836. 313 R'_{601} 的检验精度最高，对葡萄叶片叶绿素相对含量的拟合效果较好。

表 2   模型的拟合精度参数检查（$n=20$）

变量	估测模型	实测值与估测值拟合方程	检验指标	
			Slope	R^2
R'_{601}	SPAD = 59. 352+44 836. 313 R'_{601}	$Y=-0.9242x+51.173$	0. 924 2	0. 438 3
	SPAD = 1. 244E7 R'^2_{601} + 53 106. 344 R'_{601} + R'_{601} +60. 610	$Y=-0.928x+51.185$	0. 928	0. 440 2

3   讨论与结论

本研究采用高光谱技术建立了快速、准确、无损估测葡萄叶片叶绿素含量的方法，得出如下结论。

（1）葡萄叶片光谱反射率在紫光波段、绿光和可见光区域出现两个明显的反射峰，峰值分别出现在 393nm 和 555nm 处。

（2）葡萄叶片光谱反射率的一阶导数与叶绿素含量极显著相关的波段出现在 524nm、529nm、575nm、601nm、689nm 处。

（3）利用选出的敏感波段，建立了葡萄叶片叶绿素含量的高光谱监测模型，经过精度检验比较，确定其最佳估测模型为 SPAD = 59. 352+ 44 836. 313R'_{601}。该模型为葡萄叶片叶绿素含量的估测提供了比较快捷的方法和途径，并对葡萄的实时营养和长势监测具有一定的指导意义和参考价值。

本研究主要是对泰安基地 2017 年 6 月 8 日采摘的葡萄叶片叶绿素含量进行监测研究，并用同一区域、同一时期的样本数据对模型进行了验证，但是对不同地区、不同树龄、不同品种、不同生长期的葡萄叶片叶绿素含量监测是否适用，还需要进一步探索。今后的研究中可以增加样本数量和种类，明确不同品种、不同树龄、不同生长期对葡萄叶片光谱指标模型的影响，以期建立预测性能高且可移植的模型，促进该技术在作物长势中的应用。

参考文献

［1］ 李敏夏，张林森，李丙智，等．苹果叶片高光谱特性与叶绿素含量和 SPAD 值的关系［J］．西北林学院学报，2010，25（2）：35-39.

［2］ 王纪华，黄文江，劳彩莲，等．运用 PLS 算法由小麦冠层反射光谱反演氮素垂直分布［J］．光谱学与光谱分析，2007，27（2）：1319-1322.

［3］ 王克如，潘文超，李少昆，等．不同施氮量棉花冠层高光谱特征研究［J］．光谱学与光谱分析，2011，31（7）：1868-1872.

［4］ 秦占飞，常庆瑞，申健，等．引黄灌区水稻红边特征及 SPAD 高光谱预测模型［J］．武汉大学学报（信息科学版），2016，41（9）：1168-1175.

［5］ 陈志强，王磊，白由路．整个生育期玉米叶片 SPAD 高光谱预测模型研究［J］．光谱学与光谱分析，2013（10）：2838-2842.

［6］ 牛鲁燕，孙家波，郑纪业，等．不同施肥处理两夏玉米品种穗位叶光谱特征比较［J］．山东农业科学，2017，49（8）：145-149.

［7］ 牛鲁燕，孙家波，刘延忠，等．基于成像高光谱的小麦叶片叶绿素含量估测模型研究［J］．河南农业科学，2016，45（1）：150-154.

［8］ 王烁，常庆瑞，刘梦云，等．基于高光谱遥感的棉花叶片叶绿素含量估算［J］．中国农业大学学报，2017，22（4）：16-27.

［9］ 陈婉净，阎广建，吕琳，等．大豆叶片水平叶绿素含量的高光谱反射率反演模型研究［J］．北京师范大学学报（自然科学版），2012，48（1）：60-65.

［10］ 韩兆迎，朱西存，王凌，等．基于连续统去除法的苹果树冠 SPAD 高光谱估测［J］．激光与光电子学进展，2016，53（2）：214-223.

［11］ 徐丽，杨杰，王运祥，等．采后葡萄可溶性固形物含量的高光谱

成像检测研究 [J]. 河南农业科学, 2017, 46 (3)：143-147.

[12] 孙晔, 顾欣哲, 王振杰, 等. 高光谱图像对灰葡萄孢霉、匐枝根霉、炭疽菌的生长拟合及区分 [J]. 食品科学, 2016, 37 (3)：137-144.

[13] 吴迪, 宁纪锋, 刘旭, 等. 基于高光谱成像技术和连续投影算法检测葡萄果皮花色苷含量 [J]. 食品科学, 2014, 35 (8)：57-61.

[14] 刘旭, 吴迪, 梁曼, 等. 基于高光谱的酿酒葡萄果皮花色苷含量多元回归分析 [J]. 农业机械学报, 2013, 44 (12)：180-186, 139.

[15] 杨杰, 马本学, 王运祥, 等. 葡萄可溶性固形物的高光谱无损检测技术 [J]. 江苏农业科学, 2016, 44 (6)：401-403.

基于成像高光谱的苹果叶片叶绿素含量估测模型研究

叶绿素含量是植物生长过程中一个重要的生化参数, 对植被光合能力、发育阶段以及营养状况有指示作用[1]。目前, 常用于叶绿素监测的方法为分光光度法和 SPAD-502 型叶绿素仪检测, 传统的分光光度法费时、费力, 属于有损检测, 很难满足精准农业实时、快速、无损和大面积监测的要求。日本 Minolta Camera 公司生产的手持式 SPAD-502 型叶绿素仪只能逐点对叶片进行监测, 并且需要测定多株平均值作为测定结果, 工作量大[2]。高光谱遥感是一种快速、无损监测技术, 可在不破坏植物组织结构的前提下, 实现对作物生长季营养状况的监测[3]。

国内学者对苹果高光谱的研究主要集中在树冠 LAI 高光谱估测[4]、树冠 SPAD 高光谱估测[5]、基于 RGB 模型的苹果叶片叶绿素含量估测[6]、叶片磷素含量高光谱估测[7]、苹果树叶片病害区域提取[8]等。但针对山东区域内苹果树正常叶片和受红蜘蛛胁迫的叶片叶绿素含量估测的研究鲜有报道。

本研究利用在试验区测定的苹果叶片高光谱与实测的苹果叶绿素含量数据，在进行相关分析的基础上，建立了苹果叶片叶绿素含量与光谱特征参量间的定量关系模型，以期为利用高光谱遥感技术对苹果生长监测提供理论依据和技术支持。

1　材料与方法

1.1　试验设计

本试验所使用的叶片是在山东省泰安市万吉山基地采摘苹果树叶片。将采摘的叶片装在保鲜袋中，在确保低温无损害的条件下带回实验室。采集时间为 2017 年 6 月 8 日。

对受红蜘蛛为害的叶片，根据红蜘蛛在叶面上的数量进行等级划分，分为初级、中级、高级 3 种受损程度，并采集正常叶片（定义为 0 级）作为对照。每种程度采摘 10 片叶子，共收集 40 片苹果叶。

1.2　光谱测定

苹果树叶片高光谱测量采用美国 Surface Optics Corporation 公司生产的 SOC 710VP 可见-近红外高光谱成像式地物光谱仪在可控光照条件（钨灯照明）实验室内进行，光谱范围为 350~1 050nm，光谱分辨率为 4.687 5nm。

1.3　苹果叶片叶绿素 SPAD 值的测定

本次试验采用 SPAD-502 叶绿素仪测量苹果叶片的 SPAD 值。采用现摘现测的方式，并对每片叶片进行标记，与所测定的高光谱数据对应。

2　结果与分析

2.1　红蜘蛛胁迫下苹果叶片的光谱特征提取与分析

从图 1 可以看出，苹果叶片在红蜘蛛胁迫（叶片附有红蜘蛛）下，受胁迫程度不同（初级、中级、高级）的叶片光谱反射率差异不明显，但与正常叶片在 420~700nm、750~1 050nm 波段差异明显。

在 4 种状态（0 级、初级、中级、高级）下，苹果叶片高光谱反射率曲线有一致的趋势，即 380nm、550nm 处的反射峰，680nm

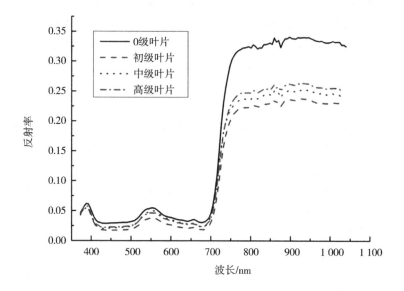

图1 苹果叶片的原始光谱反射率高光谱曲线

的吸收谷，680～780nm 的红边，以及 780nm 以上的近红外反射平台。在近红外波段（780～1 050nm），正常叶片的反射率值最高，高级受损叶片和中级受损叶片以上。初级受破坏叶片最低，这说明，正常叶片内部细胞结构正常，形成多次反射，所以反射率值最高；受红蜘蛛胁迫的叶片，叶片内部细胞遭到破坏，反射率值要低于正常叶片。

随着胁迫程度的加深，附着在叶片上的红蜘蛛本身的反射率随波段的增加逐渐升高，所以在近红外波段 850～1 050nm 这个范围内，高级叶片的反射率开始逐步高于中级叶片。

正常叶片和受红蜘蛛胁迫的叶片在 420～700nm、750～1 050nm 波段有明显差异，可作为判断遭受红蜘蛛胁迫的识别波段。

红蜘蛛的光谱反射率也表现为一定的植被特征，在近红外波段（780～1 050nm）由于红蜘蛛个体的反射导致叶片放射率有增高趋势，这也可以为划分红蜘蛛病情指数提供一定的参考。

在400~780nm波段范围内，受红蜘蛛不同程度胁迫的苹果叶片间光谱反射率差别不大。

2.2　红边位置的提取

红边是绿色植物在680~750nm的反射率增高最快的点，也是一阶导数在该区间的拐点，是由于植物在红光波段强烈的吸收与近红外波段强烈的反射造成的。

图2表明，苹果叶片0级和高级的一阶导数曲线变化趋势基本相似，在400nm处和720nm处都形成一个明显的波谷和波峰。采用一阶导数最大值所在波段提取红边位置，本研究的红边位置为720nm波长处。

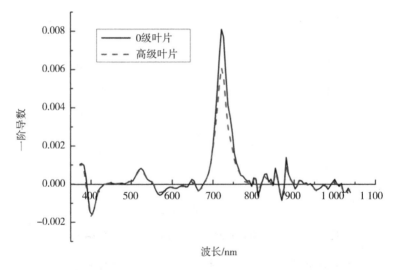

图2　苹果叶片的原始光谱反射率一阶导数高光谱曲线

2.3　受红蜘蛛胁迫苹果叶片光谱反射率及其一阶导数与叶绿素含量的相关分析

在苹果成长的早期，初级、中级、高级受红蜘蛛破坏后的叶片反射率相差不大，可以把三者统称为遭受红蜘蛛的胁迫状态，在本文中我们选择高级受红蜘蛛破坏后的叶片进行分析。

相关分析和 SPSS 统计分析结果（图3）表明，苹果0级叶片原始光谱反射率与叶绿素含量呈负相关，在 377nm 呈显著负相关（$P < 0.05$），是原始光谱反射率作为估测苹果叶片叶绿素含量的敏感波长；在可见光范围（490~780nm）最大相关系数出现在波长为 710nm，相关系数为 -0.605，其次为 715nm 波段处，相关系数为 -0.589。苹果高级叶片的原始光谱反射率与叶绿素含量间的相关系数比较小，且相关性不显著，但是也出现了明显的波峰和波谷。

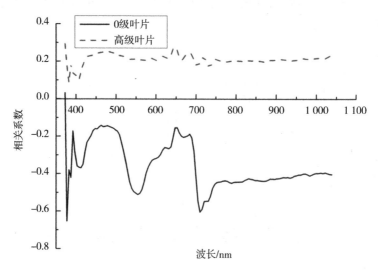

图3 苹果叶片原始光谱反射率与叶绿素含量的相关性

对苹果0级叶片的光谱反射率一阶导数与叶绿素含量进行相关分析，结果（图4）表明，在 513~539nm、564~585nm、694nm（Pearson 相关系数为 -0.822）、699nm（Pearson 相关系数为 -0.877）处呈极显著负相关；在 372nm（Pearson 相关系数为 -0.672）、498nm（Pearson 相关系数为 -0.694）、508nm（Pearson

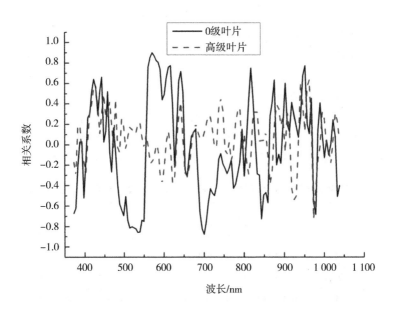

图4　苹果叶片原始光谱反射率一阶导数与叶绿素含量的相关性

相关系数为 - 0.739）、544nm（Pearson 相关系数为 -0.739）、549nm（Pearson 相关系数为 -0.749）、559nm（Pearson 相关系数为 -0.758）、590nm（Pearson 相关系数为 0.736）、611nm（Pearson 相关系数为 0.759）、642nm（Pearson 相关系数为 0.716）、705nm（Pearson 相关系数为 - 0.759）、816nm（Pearson 相关系数为 0.749）、843nm（Pearson 相关系数为 - 0.726）、945nm（Pearson 相关系数为 0.674）、951nm（Pearson 相关系数为 0.771）均呈显著相关。

由图4可见，苹果高级叶片的光谱反射率一阶导数与叶绿素含量在961nm 处呈显著正相关，Pearson 相关系数为 0.632；在波段972nm 处呈显著负相关，Pearson 相关系数为 -0.723。

综合以上分析结果，对于苹果0级叶片，选择2个波段区间和

3 个单波段作为敏感变量，分别为 377nm 的原始光谱反射率；513~539nm、564~585nm、694nm、699nm 处的原始光谱反射率一阶导数以及红边位置 720nm 处的原始光谱反射率。对于苹果高级叶片，选择 961nm、972nm 原始光谱一阶导数、红边位置 720nm 原始光谱反射率作为敏感变量。

2.4 基于敏感性波段的模型建立

运用 SPSS 软件，将敏感波段的原始光谱及射率进行各种变换后作为变量，建立苹果叶片叶绿素含量的估测回归模型，然后进行比较，找出每种变换中拟合度较高的模型，筛选结果见表 1。

表 1 苹果 0 级叶片叶绿素含量回归模型及其参数的准确性 ($n=135$)

变量	估测模型	R^2	F	P
	线性函数 SPAD=152.450-1 884.851 R_{377}	0.427*	5.221	0.05
R_{377}	对数函数 SPAD=-230.801-96.462ln R_{377}	0.425*	5.164	0.05
	幂函数 SPAD=0.281 R_{377}-1.780	0.417	5.008	0.056
	线性函数 SPAD=61.904-204.627 R_{513}	0.055	0.409	0.543
R_{513}	对数函数 SPAD=28.702-7.745ln R_{513}	0.063	0.472	0.514
	幂函数 SPAD=35.811 R_{513}-0.125	0.047	0.349	0.573
	线性函数 SPAD=63.761-234.888 R_{518}	0.079	0.600	0.464
R_{518}	对数函数 SPAD=23.080-9.685ln R_{518}	0.091	0.699	0.431
	幂函数 SPAD=32.239 R_{518}-0.161	0.072	0.544	0.485
	线性函数 SPAD=66.215-268.072 R_{523}	0.113	0.891	0.377
R_{523}	对数函数 SPAD=16.392-12.136ln R_{523}	0.128	1.030	0.344
	幂函数 SPAD=28.425 R_{523}-0.206	0.107	0.836	0.391
	线性函数 SPAD=69.056-304.237 R_{529}	0.155	1.284	0.295
R_{529}	对数函数 SPAD=9.300-14.827ln R_{529}	0.173	1.464	0.266
	幂函数 SPAD=24.871 R_{523}-0.256	0.149	1.225	0.305

（续表）

变量	估测模型	R^2	F	P
R_{534}	线性函数 SPAD=71.386−331.972R_{534}	0.199	1.736	0.229
	对数函数 SPAD=4.059−16.888lnR_{534}	0.218	1.953	0.205
	幂函数 SPAD=22.514R_{534}−0.295	0.192	1.660	0.238
R_{539}	线性函数 SPAD=72.778−346.998R_{539}	0.229	2.076	0.193
	对数函数 SPAD=1.171−18.067lnR_{539}	0.248	2.305	0.173
	幂函数 SPAD=21.297R_{539}−0.317	0.220	1.976	0.203
R_{564}	线性函数 SPAD=72.461−348.674R_{564}	0.234	2.134	0.187
	对数函数 SPAD=1.767−17.728lnR_{564}	0.254	2.380	0.167
	幂函数 SPAD=21.513R_{564}−0.311	0.226	2.040	0.196
R_{570}	线性函数 SPAD=70.634−332.450R_{570}	0.198	1.726	0.230
	对数函数 SPAD=5.491−16.150lnR_{570}	0.219	1.958	0.204
	幂函数 SPAD=23.096R_{570}−0.282	0.192	1.662	0.238
R_{575}	线性函数 SPAD=68.456−306.848R_{575}	0.158	1.309	0.290
	对数函数 SPAD=10.494−14.195lnR_{575}	0.178	1.512	0.259
	幂函数 SPAD=25.391R_{575}−0.245	0.153	1.264	0.298
R_{580}	线性函数 SPAD=67.047−291.312R_{580}	0.134	1.084	0.332
	对数函数 SPAD=13.834−12.889lnR_{580}	0.153	1.268	0.297
	幂函数 SPAD=27.057R_{580}−0.221	0.130	1.045	0.341
R_{585}	线性函数 SPAD=66.052−278.660R_{585}	0.119	0.946	0.363
	对数函数 SPAD=16.344−11.947lnR_{585}	0.137	1.113	0.326
	幂函数 SPAD=28.365R_{585}−0.203	0.115	0.907	0.373
R'_{720}	线性函数 SPAD=63.794−245.886R'_{720}	0.079	0.597	0.465
	对数函数 SPAD=22.774−9.655lnR'_{720}	0.088	0.675	0.439
	幂函数 SPAD=32.003R'_{720}−0.161	0.070	0.530	0.490

（续表）

变量	估测模型	R^2	F	P
R'_{961}	线性函数 SPAD=69.335-326.448 R'_{961}	0.176	1.492	0.261
	对数函数 SPAD=7.758-15.075ln R'_{961}	0.195	1.696	0.234
	幂函数 SPAD=24.108 R'_{961}-0.262	0.170	1.432	0.270
R'_{972}	线性函数 SPAD=75.591-2 599.488 R'_{972}	0.225	2.029	0.197
	对数函数 SPAD=-51.442-21.980ln R'_{972}	0.246	2.281	0.175
	幂函数 SPAD=8.362R'_{972}-0.388	0.221	1.988	0.201

注：* 表示 $P<0.05$。

从表 1 可以看出，以 377nm 处原始光谱反射率作为变量确定的线性函数估测模型，R^2 最大，为 0.427；其次是以 377nm 处原始光谱反射率作为变量确定的对数函数估测模型，R^2 的值为 0.425。将这 2 个估测模型进一步进行模型验证。

从表 2 可以看出，以 972nm 处的一阶导数作为变量确定的线性函数估测模型，R^2 最大，为 0.523；其次是以 961nm 处的一阶导数作为作为变量确定的线性函数估测模型，R^2 的值为 0.400。将这两个估测模型进一步进行模型验证。

表 2　苹果高级叶片回归模型及其参数的准确性（$n=30$）

变量	估测模型	R^2	F	P
R_{720}	线性函数 SPAD=48.719+15.806 R_{720}	0.050	0.425	0.533
	对数函数 SPAD=-53.616+1.379ln R_{720}	0.026	0.214	0.656
	三次多项式函数 SPAD=134.073-2 094.175 R_{720}^3+16 383.102 R_{720}^2-40 248.496 R_{720}	0.635	3.473	0.091
R'_{961}	线性函数 SPAD=56.779+28 975.419 R'_{961}	0.400*	5.332	0.050
	二次多项式函数 SPAD=58.055+40619.887 R'^2_{961}+2.508E7 R'_{961}	0.401	2.345	0.166
	三次多项式函数 SPAD=57.950+37 042.605 R'^3_{961}-4.77E10 R'_{961}	0.402	2.354	0.165

（续表）

变量	估测模型	R^2	F	P
R'_{972}	线性函数 SPAD = 49.371−46 428.473 R'_{972}	0.523*	8.779	0.018
	二次多项式函数 SPAD = 49.498−60 532.321 R'^2_{972}−2.564E8 R'_{972}	0.540	4.105	0.066
	三次多项式函数 SPAD = 48.751−64 321.172 R'^3_{972}+1.146E9 R'^2_{972}+1.774E13	0.615	3.193	0.105

注：*表示 $P<0.05$。

2.5　模型验证

随机抽取在同组试验中测定的苹果叶片试验数据，对上述筛选出的苹果叶片 SPAD 值的 4 个估测模型进行测试与检验，筛选出检验精度高的模型。结果见表 3、表 4。

表 3　苹果 0 级叶片模型的拟合精度参数检查（$n=9$）

变量	估测模型	实测值与估测值拟合方程	检验指标			
			斜率	R^2	RMSE	RE（%）
R_{377}	线性函数 SPAD = 152.450−1 884.851 R_{377}	$Y=0.418\,9X+52.094$	0.418 9	0.110 7	4.173 14	8.56
R_{377}	对数函数 SPAD = −230.801−96.462ln R_{377}	$Y=0.387\,5X+52.618$	0.387 5	0.106	4.096 867	7.89

表 4　苹果高级叶片模型的拟合精度参数检查（$n=20$）

变量	估测模型	实测值与估测值拟合方程	检验指标			
			斜率	R^2	RMSE	RE（%）
R'_{972}	线性函数 SPAD = 49.371−46 428.473 R'_{972}	$Y=-0.257\,3X+51.879$	−0.257 3	0.272 2	1.945 765	1.04
R'_{961}	线性函数 SPAD = 56.779+28 975.419 R'_{961}	$Y=-0.297X+52.353$	−0.297	0.141 2	1.774 443	0.89

3 结论与讨论

受季节、土壤、气候等自然因素和施肥、栽培技术与管理等人为因素的影响，苹果叶片的高光谱信息会有不同的变化。本研究主要是对山东区域内苹果叶片叶绿素含量进行监测研究，并用同一区域的样本数据对模型进行了验证，增强了监测模型的可信性和适应性。但是所建立的估测模型对于不同地区、不同品种、不同生长期的苹果叶片叶绿素含量检测是否适用，还需要做进一步的探索。

本研究利用叶绿素含量与高光谱特征参数之间的关系，建立了苹果叶绿素含量的估测模型，经过精度检验分析对比，最后确定山东区域苹果0级（正常）叶片叶绿素含量的最佳估测模型为线性函数模型 $SPAD = 152.450 - 1\,884.851\,R_{377}$；苹果高级受损叶片叶绿素含量的最佳估测模型为线性函数模型 $SPAD = 49.371 - 46\,428.473\,R'_{972}$。两个模型为苹果叶绿素含量的估测提供了方法和参考，对苹果的精准施肥以及快速、无损长势监测具有一定的指导意义和参考价值。

参考文献

[1] 蒋金豹，陈云浩，黄文江. 用高光谱微分指数估测条锈病胁迫下小麦冠层叶绿素密度 [J]. 光谱学与光谱分析，2010，30（8）：2243-2247.

[2] 王纪华，黄文江，劳彩莲，等. 运用 PLS 算法由小麦冠层反射光谱反演氮素垂直分布 [J]. 光谱学与光谱分析，2007，27（2）：1319-1322.

[3] 王克如，潘文超，李少昆，等. 不同施氮量棉花冠层高光谱特征研究 [J]. 光谱学与光谱分析，2011，31（7）：1868-1872.

[4] 韩兆迎，朱西存，房贤一，等. 基于 SVM 与 RF 的苹果冠层树冠 LAI 高光谱估测 [J]. 光谱学与光谱分析，2016，36（3）：800-805.

［5］　韩兆迎，朱西存，王凌，等．基于连续统去除法的苹果冠层 SPAD 高光谱估测［J］．激光与光电子学进展，2016，53（2）：214-223．

［6］　程立真，朱西存，高璐璐，等．基于 RGB 模型的苹果叶片叶绿素含量估测［J］．园艺学报，2017，44（2）：381-390．

［7］　程立真，朱西存，高璐璐，等．基于随机森林模型的苹果叶片磷素含量高光谱估测［J］．果树学报，2016，33（10）：1216-1229．

［8］　胡荣明，魏曼，竞霞，等．基于成像高光谱的苹果树叶片病害区域提取方法研究［J］．西北农林科技大学学报：自然科学版，2012，40（8）：95-99．

（4）农业高光谱遥感技术应用存在的问题。

①光谱响应机理问题：高光谱技术目前的性能是根据光谱曲线图和相关特性的主要参数对作物的一些主要理化参数进行反演，然而，这种逆变技术是光谱特性与主要作物参数之间相关性的一种外在表现，需要进一步讨论与两者相关的基本反应原理。作物配备了复杂的生理代谢系统，体内的各种成分之间有着特殊的关系系统，作物在不同养分含量状态下的谱系会在某些种群带上存在差异，但这些差异可能无法通过缺乏某些类型的因素来表达。植物细胞的调节机制在缺乏某种元素时会引起相关的生理需要，进而引起体内其他物质的产生或分解，从而对作物的光谱曲线造成新的影响，因此，在对作物光谱特性进行研究的情况下，有必要深入分析其生理调控机制；通过内部原理发现高光谱信息将有助于进一步完善高光谱反演技术的模型。

②多因素综合影响问题：目前对高光谱逆变技术实体模型的研究是基于数理统计的，主要是在数据统计中寻找反射光谱与作物指标值之间的相关性。但是，这样的数据分析存在产品局限性，如光谱自变量内的过拟合、作物自身生理调控机制作用下成分间的相关性分析、数据测量的变异性偏差等。现阶段分析构建的高光谱遥感技术逆变技术物理模型大多只是比较简单地考虑了光谱曲线与作物参数之间的关系，针对作物种类、生长及其外部性，考虑自然环境、土壤环境、环境空气等要素中存在的问题，因此，综合考虑多

种性质，外界因素相互干扰下的频谱特性曲线图逆变技术物理模型可能是当前基础理论必须完善的一个层次。

③同物异谱、同谱异物问题：目前，光学资源遥感图像主要用于农作物的识别，但是，充分考虑作物生长发育环境的多样性，许多易感病作物和不易感病的作物很可能会导致非常相似的结果，它们的光谱特征很可能非常相似；一些作物虽然患有相同的疾病，但它们的光谱特征也可能不同。因此，在整个遥感技术成像过程中，"同物异谱"和"同谱异物"的情况非常广泛，提高识别精度的难度越来越大。在这种情况下，需要进一步挖掘光谱中的合理信息，获取特征库存波段，利用遥感影像紧密融合的方法来缓解"同物异谱"和"同谱异物"的差异，后续的研究必须提高遥感图像结合技术的使用，为高光谱地理信息系统的逆变技术检测作物主要参数的准确性奠定基础。

④高光谱遥感农学信息提取模型的适用性：高光谱遥感农学信息提取模型虽多，但很难找到一种通用的方法，每种模型和方法都有其适用条件，而且许多模型仅仅处于试验研究阶段，需要大规模实地观测数据来修正。不同的模型，其应用条件差别很大，不同区域通常要根据该区域实际情况采用不同的信息提取方法。本书论述的模型与方法大都是以最理想条件为前提的，实际农学参数条件多变性和复杂多样性，许多问题需要解决。

⑤田间组分混合光谱分解模型和端元提取方法：研究多种田间组分（作物、土壤等）混合光谱分解模型，特别是作物不同生长阶段，作物、土壤等组成的混合光谱具有复杂的机制，需要加强研究。模型建立后，端元提取是混合光谱分解的关键，如何建立不同田间组分与混合光谱特征之间的信息关联，开展基于混合光谱知识的端元提取方法，对高光谱农业遥感的定量化、实用化具有重要意义。

（5）解决途径。

①农业光谱数据库的完善与扩充：在农业应用中，同类作物

以及土壤组成成分和结构都会有所不同，加之不同组分间相互效应和环境因素的影响，作物以及土壤的光谱特征变异普遍存在。因此，深入开展农业应用中标准地物光谱特征研究，总结标准地物在不同条件下光谱变异规律，完善和扩充农业光谱数据库，是提高农学信息提取模型精度和适用性的基础，也是开展精准农业研究的前提。

②高光谱遥感与 GIS、GPS 集成应用：高光谱遥感是农业应用中信息载体的来源，而 GIS 具有强大数据处理、管理以及空间分析能力，GPS 提供精准空间定位，三者的有效集成可以高效分析作物苗情、施肥状况等农业专题信息。它们的一体化应用可以有效解决只靠高光谱技术面临的一些问题，例如，对于地形复杂、作物种植变化较大区域，区分"同物异谱"和"同谱异物"的困难性等，而且还可以提高农学信息反演的精度和应用范围。

③加强高光谱数据农学信息挖掘研究：高光谱多维光谱特征空间中，农学参数的变化极易在光谱空间中得以体现。目前绝大部分混合光谱分解模型都采用了高光谱中部分谱段信息，模型经验性较强，可移植性和规律性较差。随着数据挖掘技术的研究和发展，充分利用光谱空间（特别是多维光谱特征空间）中光谱变化知识进行农学信息的深入挖掘将是有效解决混合光谱分解的有效手段之一。

（6）农业高光谱遥感技术应用展望。

①地面遥感与高空遥感集成应用：现阶段，各国有关专家利用高光谱地理信息系统开展了大量农情监测研究，但并未真正应用于农牧业实践，主要因素之一是所选光学遥感的安全性受温度等因素影响较大，近地遥感影像仅采集部分作物的生长发育信息，这也造成了实体模型本身的局限性。未来可以考虑增强高空遥感技术与地面遥感技术的紧密结合，利用不同控制器的统计数据，在空间、频谱、极化等领域发展互利共赢，进而完成应用的数据预处理。根据评价数据信息对遥感技术识别结果进行多元线性回归分析，校准利

用遥感影像分类方法进行作物品种识别结果的简便性，提高作物识别精度和实体模型的稳定性。

②推动农作物的光谱数据库建设：光谱库是由高光谱传感器在一定标准下测量的各种反射面光谱数据信息的组合，能够准确解读遥感影像信息，快速完成未知轮廓的配对，提升遥感技术的分类识别能力。因此，基于高光谱传感器采集的海量数据信息，创建作物光谱数据库查询，应用优秀的电子信息技术对这些信息进行存储、管理和研究，有利于提高分析分辨率水平，在此基础上，提高信息获取模型的准确性和适用性。

③采用微小卫星获取高光谱影像：感官图像的空间分辨率和时间分辨率的提高可以显著提高作物检测的精度，但结果是价格的增加，据调查，在我国农业遥感技术信息站系统中，较大的费用是采样费用和遥感影像购买费用，各占总费用的30%左右，有必要开发一种更适合农牧业作物检测、符合我国农牧业发展现状的高光谱遥感技术监测系统。随着通信卫星建设技术的不断发展和完善，价格低廉、性价比高、功能独特、发射方便快捷的新型小型通信卫星为我国的建设提供了新的思路。例如，河南省科技厅和中国科学院微小卫星创新研究院研制的微型、中型、小型通信卫星，可以获得高空间分辨率、时间分辨率和高光谱成本可控的遥感图像，为作物多时相分类及其生长发育检测提供可靠的信息服务项目。

④加强光谱数据中的农情信息挖掘：高光谱地理信息系统具有分辨率高、波段持续性强、光谱信息量大等特点，可以同时对等高线上的极微弱光谱差异进行定性分析，主要应用于农业远程传感检测和使用。然而，同时获得的作物的光谱反射信息分散在多达几个光谱带中，为应对空间的高维光谱特性，主要参数实体模型反演的关键是在多波段中选取一小部分关键信息。实体模型更具经验性，但其实用性和可移植性较弱，随着数据挖掘技术的不断发展，越来越多的研究逐渐开始根据优化算法从大量光谱数据信息中检索隐藏的信息。这是因为数据挖掘并不是为了更好地取代传统的数据分

析，如何选择数据挖掘技术，灵活利用高光谱数据信息和多维信息的变化趋势，对作物主要参数进行深入探索，可能是开发新型光谱反演实体模型的关键方法。

4. 多光谱遥感技术

（1）多光谱遥感技术。多光谱遥测也称多光谱遥感，指将地物辐射电磁波分割成若干个较窄的光谱段，以摄影或扫描的方式，在同一时间获得同一目标不同波段信息的遥感技术。

多光谱遥感不仅可以根据影像的形态和结构的差异判别地物，还可以根据光谱特性的差异判别地物，扩大了遥感的信息量。

航空摄影用的多光谱摄影与陆地卫星所用的多光谱扫描均能得到不同谱段的遥感资料，分谱段的图像或数据可以通过摄影彩色合成或计算机图像处理，获得比常规方法更为丰富的图像，也为地物影像计算机识别与分类提供了可能。

（2）多光谱遥感的原理。不同地物有不同的光谱特性，同一地物则具有相同的光谱特性。同一地物在不同波段的辐射能量有差别，取得的不同波段图像上有差别。

（3）与高光谱遥感的区别。多光谱数据和高光谱数据在遥感领域中具有显著的区别，主要体现在以下几个方面。

①波段数量与宽度：多光谱遥感数据通常包含有限数量的波段，一般在3~10个波段。而高光谱遥感数据则包含大量的窄波段，其数量可能达到数百或数千个，每个波段的宽度通常在10~20nm范围内。

②光谱分辨率：高光谱遥感数据的光谱分辨率显著高于多光谱遥感数据。光谱分辨率是指可以探测到的最小波长间隔，高光谱遥感由于其大量的窄波段，能够提供更精细的光谱信息。

③图像质量：由于高光谱遥感数据具有更高的光谱分辨率，因此它能够提供更详细的地面目标信息。然而，这种高光谱分辨率往往伴随着较低的空间分辨率，即图像的像素尺寸较大，可能无法捕捉到地面目标的细微变化。

④应用领域：多光谱遥感数据由于其波段数量和分辨率的限制，通常用于监测地表的大范围变化，如植被覆盖、土地利用/覆盖等。而高光谱遥感数据则更适合于精细的地表特征提取和目标识别，如矿物识别、水质监测等。

多光谱数据和高光谱数据在波段数量与宽度、光谱分辨率、图像质量以及应用领域等方面存在显著差异。这些差异使得两种数据在遥感应用中各有优势，需要根据具体需求选择合适的遥感数据源。

5. 低空无人机遥感技术

随着无人机技术的发展，无人机发展成为生产力的新利器，也推动了农业遥感技术发展到一个新的阶段。无人机农业遥感技术相比于卫星和机载农业遥感，其数据获取更灵活、精准，同时运用图像处理技术也能够提高数据处理的效率以及图像处理精度。无人机农业遥感技术有着准确、低成本、高效率等优势，逐渐成为农业遥感领域的主要技术手段。

（1）无人机遥感技术简介。无人机（unmanned aerial vehicle，UAV）是一种通过无线遥控或规划航线飞行的无人驾驶飞机，它一般由动力系统、飞控系统、无线通信遥控系统、有效载荷（武器、侦查设备）等部分组成。无人机与遥感技术的结合，即无人机遥感，克服了近地面小范围的作物遥感监测的极限，同时也克服了卫星影像受时间分辨率、空间分辨率的影响。无人机遥感以其全天时、实时化、高分辨率、灵活机动、高性价比等优势，在农业、生态环境、新农村建设规划、自然灾害监测、公共安全、水利、矿产资源勘探、测绘等国民经济及社会发展各个领域发挥着越来越重要的作用，成为继卫星遥感和有人通用航空遥感技术之后的新兴发展方向。

无人机遥感系统主要包括飞行载荷平台和传感器两个部分。动力系统、姿态调整系统、GPS实时定位系统、数据传输系统是飞行载荷平台的重要组成部分，按机体结构设计差异可分为固定翼和旋翼、无人直升机和飞艇等。其中，小型固定翼和旋翼无人机使用成本相对较低，在农业领域应用广泛。小型固定翼无人机航速高，单位时间内采集的影像范围大，但其对飞行场地的及作业人员的操控技能要求较高；小型旋翼无人机易于携带，垂直起降方式使其对场地要求较低，能够实现定速定高巡航、悬停等操作，更加适用于农情遥感监测。目前，无人机提供的智能飞控系统，能够根据规划后的 KML 边界文件进行自主航线规划、自动起飞、自动拍照、完成作业自动返航等，大幅提高了作业效率。

无人机遥感技术的应用拓展了精确获取地表信息的渠道，其机身尺寸小、便携性强，使用成本低、灵活度高，且其时空分辨率优于航天航空遥感平台，为小区域作物精细监测提供了新手段。

（2）低空无人机遥感技术在农业领域的应用。

①作物种植区提取及面积监测：在农业领域，作物的分类识别是进行不同种类作物面积监测、产量估计的前提。无人机遥感技术获取的高分辨率影像蕴藏丰富的地物表型信息，根据不同作物在无人机影像上所表现出的色彩、纹理特征，建立无人机遥感作物解译标志库，用于人工目视解译与遥感制图。

②作物长势监测及产量估产：通过对长势及叶片发育情况监测可以辅助进行作物的生长环境评估及水肥施补等田间管理。无人机遥感可以及时准确地获取农作物长势信息，利用叶面积指数（LAI）、冠层高度、植被指数等地表参数监测作物长势信息，进而构建作物产量估算模型。

③农业灾害遥感：农业灾害是导致粮食减产的主要原因，对农业灾害进行遥感监测有利于了解作物受灾情况，从而对损进行评估，及时调整粮食供应策略、补充粮食供应渠道，避免因减产而导致粮食供应紧张。目前，农业灾害遥感监测的研究主要涉及冻害、病虫害等方面。

（3）低空无人机遥感技术在农业领域应用中的挑战与展望。

①无人机遥感系统软硬件设备的改进：尺寸小、使用灵活方便是无人机遥感平台的特点，然而这也导致了无人机遥感平台存在载

荷低、滞空时间短、抗风能力弱等不足。一方面，农情遥感监测领域需要根据不同需求使用不同类型的传感器，由于无人机平台载荷能力及使用成本的限制，目前国内外的研究多集中在传统 RGB 相机和多光谱相机的应用研究上，极少使用质量大、成本高的高光谱传感器和热成像仪。另一方面，农情遥感监测需要获取大范围的监测数据，当前普遍使用的小型无人机存在续航时间短的缺点，通信距离的限制也是影响其作业效率、作业范围的不利因素。此外，无人机在高空作业时遭遇大风容易产生一定程度的抖动，导致获取的影像不同程度受到影响（如扭曲变形、成像模糊等），这也给后期数据处理带来挑战，从而导致后续的数据分析及研究结果产生偏差，限制了其在农业领域的应用与推广。鉴于无人机遥感系统的广泛应用前景，政府、企业、科研院所需要协同合作，出台相应政策及行业标准，规范与促进行业有序发展，不断更新无人机遥感系统软硬件设备，开发出满足不同任务需求、成本低、体积小的无人机平台及各类型的传感器，以满足使用者对便携性、经济性、适用性、长续航的需求。同时不断优化飞行控制算法及数据传输模式，提高无人机遥感平台的作业效率和产品的质量。由于无人机遥感系统的应用从数据采集、数据处理及后续的实际应用大都停留在科学研究上，需要作业人员具有较高的专业知识与技能，适用的范围小。如何实现从数据采集到实际应用的一整套技术方案的自动化与智能化，降低使用者的学习成本、扩展应用范围将是今后的研究方向。

②不同平台多源、多时序数据协同利用：目前，农业领域的监测数据主要有空—天—地 3 个尺度的数据源，3 个尺度的监测手段各有优劣。航空领域适合大尺度的农情遥感监测，但其在分辨率方面有一定局限性；地面主要靠作业人员手持各种仪器采集作物信息，其在数据的准确度方面具有一定优势，但难以保证监测效率和监测范围；无人机的应用扩展了航天监测的手段，是对航空和地面监测方法的有效补充。目前，农情遥感监测的研究多基于单一尺度

数据源甚至是单一传感器，其获取的田间作物信息较单薄，难以全面反映作物表型特征。因此，如何将不同平台、不同传感器的数据进行融合利用将是今后关注的方向。由于作物一直处于生长状态，处于不同生长阶段的作物表现出不同的理化性质，不同地理环境和气候条件也会扩大这种差异性，基于特定地域、单一生长期所建立的模型代表性有限，对于普遍情况下的农情遥感监测适用性不强。因此，通过对不同尺度、不同地域、不同时序数据的综合利用，在时间和空间上进行数据融合与数据挖掘，从而构建具有可扩展性高、适用性强、精度高的作物监测模型。

③农作物遥感特征扩展及算法的改进：通过传感器直接获取的作物波谱空间的信息量相对较少，且不同类型作物的波谱敏感度不同，不利于遥感影像目标信息的有效提取。因此有学者基于原始波段通过线性或非线性的数学计算进行特征扩展，目的是充分挖掘原始影像中隐含的信息，扩展作物遥感辨识性特征。常用的特征有指数特征、纹理特征、几何空间特征和色彩特征等，然而各特征在不同作物应用上的优势尚未明确，没有形成一套通用的作物敏感特征识别库。因此，开发一套适用性强的敏感特征识别库，同时揭示各特征的物理意义，对现代农业的发展具有一定促进意义。此外，不同类型的算法在不同应用上各有优势，在今后的研究中，应面向实际应用需求，通过进一步改进现有算法或建立新型算法实现方案的优化。

[应用举例]

基于无人机多光谱遥感的小麦长势监测研究

小麦是我国最重要的粮食作物之一，在我国国民经济中占据十分重要的地位。保证小麦产量的稳定和提升，直接关系国家粮食安全[1]。实时监测作物生长状况，不仅可以及时提供准确有效的农业管理，提高作物产量，同时也可为生产力的预测提供数据支持，在粮食生产中是十分必要的[2]。

监测作物长势最常见且广泛应用的方法是以遥感监测技术为依托，通过探索地面实际测得数据与遥感采集的光谱数据的关系，构建监测模型[3]来分析作物生育期内光谱反射变化特征与 LAI、生物量等长势参数之间的关系，为作物生长状况监测和产量预测提供科学依据[4]。

目前基于地面平台或高空平台遥感数据利用植被指数监测小麦叶面积指数、生物量并预测产量的方法已经比较成熟，但基于地面平台的监测范围小、效率低；基于高空平台虽然可以实现大面积监测，但受到监测精度、成本和云层等外界环境以及空间和时间分辨率等多方面问题的制约，尤其随着中小型区域监测需求的出现，其动态性、准确性和高效性监测需求与当前监测平台之间的矛盾日益突出。

无人机多光谱遥感影像具有较高的地面分辨率（厘米级），对空间异质信息响应敏感，可获得较大范围即时、可靠的农作物长势信息，能够弥补传统作物监测设备监测范围小、难度大等问题，有很好的应用价值[5]。

Honkavaara 等[6]以无人机为平台，采用轻便的 FPI 光谱相机采集小麦的光谱信息，通过计算 NDVI 来反演小麦的生物量，R^2 最高达到 0.80。Lelong 等[7]用无人机搭载相机 CANON EOS 350D 和 SO-NY DSC-F828 获取小麦冠层的反射率，计算 NDVI 值来估算 LAI，估测的 LAI 与实测的 LAI 相关系数达到 0.82。Hunt 等[8]用无人机搭载 FinePix S3 Pro UVIR 相机来获取小麦影像，并在 GNDVI 与小麦叶面积指数之间建立模型，R^2 达到 0.85。郭伟等[9]以无人机搭载成像高光谱仪，在田块尺度上对冬小麦全蚀病病情指数分布进行空间填图，为无人机高光谱遥感在冬小麦全蚀病的精准监测方面提供了技术支撑。杨俊等[10]探讨了小麦生物量和产量与无人机图像特征参数的相关性，结果表明，无人机图像颜色指数与纹理特征参数结合可以提高小麦生物量和产量的估测精度。江杰等[11]通过无人机搭载数码相机对小麦长势进行监测，表明结合小麦各生长阶段指数函数监测模型，利用无人机搭载数码相机可以快速无损地监测小麦长势状况。

本研究利用无人机遥感平台对试验区域小麦生长信息进行监测，并基于多植被指数构建小麦关键生育时期主要生长指标的动态监测模型，探讨利用无人机平台监测小麦长势的可行性，以期为山东大面积农田小麦长势实时监测提供有效技术支撑。

1　材料与方法

1.1　试验区概况及试验材料

试验区位于山东省济南市济阳区回河街道（北纬 36.58°，东经 117.12°），供试小麦品种为济麦 22。济阳区位于黄河下游北岸，鲁北平原的南部，位于暖温带半湿润季风气候区内，四季分明，雨热同季，光照充足，年平均气温 12.8℃，年平均无霜期 195d，年太阳辐射量 520.74kJ/cm²，降水多集中在 7—9 月。境内土壤发育在黄河冲积母质上，土层深厚，潮土是主要土类。

1.2　数据采集

1.2.1　多光谱数据采集　采用大疆无人机 M200 搭载 RedEdge-M 多光谱相机，根据事先规划好的路线获取，试验区及对应时间的 google 地图机载航线规划如图 1 所示。RedEdge-M 多光谱相机一共有 5 个通道，分别是红、绿、蓝、红边、近红外五波段，对应的中心波长分别是 475nm、560nm、668nm、717nm、840nm，带宽分别为 10nm、20nm、20nm、10nm、40nm。机载多光谱成像采集系统如图 2 所示。

在小麦关键生育时期——拔节期、抽穗期、开花期、灌浆期选择晴朗无风、少云天气（分别为 4 月 29 日、5 月 9 日、5 月 17 日、5 月 24 日、5 月 29 日）10—14 时采集小麦光谱数据。

1.2.2　植株生长指标的测定　在试验区内选 5 个采样点，每个点选 30 株小麦，于光谱数据采集当天取样，测量小麦叶片

图 1　试验区及规划路线

图 2　机载多光谱成像系统

SPAD 值及地上部鲜、干重。

　1.3　数据处理方法

　1.3.1　多光谱影像处理　利用 Pix4dmapper 软件对获得的多

光谱影像进行拼接处理，得到各波段的反射率拼接灰度图，并用
ENVI 对各波段进行配准组合成 ENVI 格式的反射率数据。将地面
采样点的经纬度输入机载多光谱拼接影像中，选取采集点周边 10×
10 个像元点的均值作为采样点的光谱反射率值。

1.3.2　植被指数　遥感图像上的植被信息，主要通过绿色植
物叶子和植被冠层的光谱特性及其差异、变化来反映。植被指数是
对植物特定光学参数的光谱信息提取，可对地表作物生长状况进行
快捷有效的定性、定量分析，并可通过增强作物信息，加强作物与
土壤、大气、光照、视场角等干扰信息的反差，减弱干扰信息的表
达，以快速反映作物生长活力、覆盖状况等[12]。

目前，国内外提出的植被指数已有上百种，可分为 3 个发展阶
段：早期，未考虑土壤状况、大气影响、光照影响、植被与土壤的
相互作用，植被指数是波段的简单线性组合，以比值植被指数
（RVI）为代表，受大气、植物覆盖率影响较大；中期，综合了电
磁波反射规律、土壤、大气、光照、植物、植被的相互影响，对第
一阶段植被指数进行改良，提出了基于物理理论的植被指数，以归
一化植被指数（NDVI）为代表；近期，针对高光谱、热红外信息
提出的植被指数，如导数植被指数（DVI）、生理反射植被指数
（PRI）等[13]。

本研究选用归一化植被指数（Normailized Difference Vegetation
Index，简称 NDVI）、土壤调整植被指数（Soil-adjusted Vegetation
Index，简称 SAVI）和冠层叶绿素含量指数（Canopy Chlorophyll
Content Index，简称 CCCI）对小麦长势进行监测。

（1）归一化植被指数（NDVI）：近红外波段（NIR）与可见光
红波段（RED）数值之差与这两个波段数值之和的比值，见式
（1）。NDVI 的取值范围是 -1~1，一般绿色植被区的范围是
0.2~1.0。

$$\text{NDVI} = \frac{\rho_{\text{NIR}} - \rho_{\text{RED}}}{\rho_{\text{NIR}} + \rho_{\text{RED}}} \tag{1}$$

（2）土壤调整植被指数（SAVI）：为了解析背景的光学特征变化并修正 NDVI 对土壤背景的敏感，Huete 等[14]提出了可适当描述土壤-植被系统的简单模型，即土壤调整植被指数（SAVI），其表达式见式（2）。

$$SAVI = \frac{\rho_{NIR} - \rho_{RED}}{\rho_{NIR} + \rho_{RED} + L} \times (1+L) \qquad (2)$$

式中，L 是一个土壤调节系数。Huete 发现 L 随植被浓度变化而变化，因此引入一个以植被量的先验知识为基础的常数作为 L 的调整值。它由实际区域条件决定，用来减少植被指数对不同土壤反射变化的敏感性。当 L 为 0 时，SAVI 就是 NDVI。对于中等植被覆盖度区，L 一般接近于 0.5。乘法因子（1+L）主要用来保证最后的 SAVI 值与 NDVI 值一样介于 -1.0~1.0。本研究 L 取值 0.5。

（3）冠层叶绿素含量指数（CCCI）：CCCI 是 NDVI 的改进，它使用红边波段代替了红色波段，从而突出了绿色植被特有的"红边"效应。其计算公式见式（3）。CCCI 值的范围是 -1.0~1.0，一般绿色植被区的范围是 0.2~1.0。

$$CCCI = \frac{\rho_{NIR} - \rho_{REDEDGE}}{\rho_{NIR} + \rho_{REDEDGE}} \qquad (3)$$

1.4 模型构建与验证

本研究以 NDVI、SAVI、CCCI 为自变量，叶片 SPAD 和地上部干、鲜重为因变量，利用多元回归分析分别构建 SPAD、地上部干重、地上部鲜重的多变量监测模型。

本研究中共采集了 35 个样点的数据，按 3∶2 的比例运用含量梯度法选出建模集和检验集。构建模型运用决定系数 R^2、均方根误差（Root Mean Square Error, RMSE）进行精度评价，R^2 越大，RMSE 越小，模型的准确性越高。综合利用建模集 R_C^2、检验集 R_V^2、RMSE 及 1∶1 图的斜率 Slope 确定最优模型。模型最优解参数（Model Optimal Solution Parameters，简称 MOSP）计算公式见式（4）：

$$MOSP = R_C^2 + R_V^2 + Slope - RMSE \qquad (4)$$

2 结果与分析

2.1 研究区域采样点的光谱曲线分析

济阳试验区 5 个样点各时间段的小麦光谱反射率如图 3 所示，可见其符合健康植被的光谱变化趋势。各生育时期，可见光波段

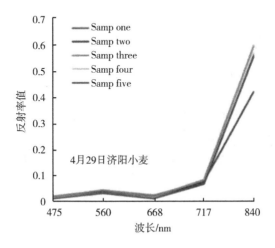

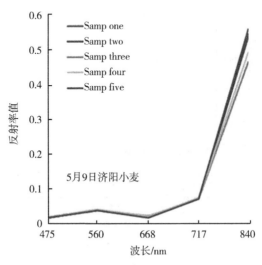

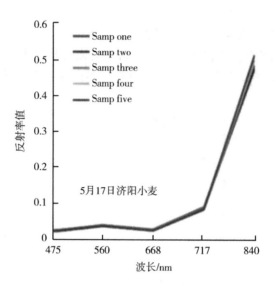

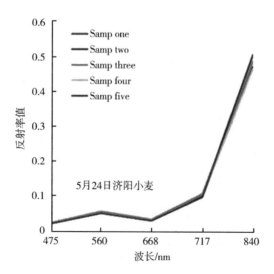

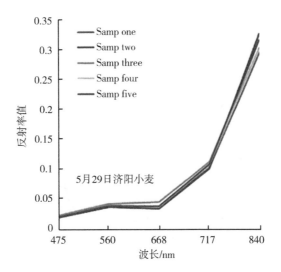

图3　济阳小麦不同时期采样点的光谱反射率

475nm、560nm、668nm、717nm 在各时期光谱反射率均较低，低于 0.2；而近红外波段（840nm）的光谱反射率变化最大，不仅值最高（超过 0.4），而且不同样点间差异较大；绿色植物在 550nm 处的峰值越高，在 668nm 处的谷值越低，在 840nm 处的反射率越高，则说明长势越好。

以第五个采样点为例（图4），分别选取济阳区 4 月 29 日、5 月 9 日、5 月 17 日、5 月 24 日和 5 月 29 日的光谱反射率，比较不同时间段小麦光谱反射率的变化规律。可知，小麦在 4 月 29 日、5 月 9 日、5 月 17 日、5 月 24 日这 4 个时期与 5 月 29 日这一时期光谱不同是因为 5 月 29 日这一时期小麦处于开花期，绿叶变黄、变少。

2.2　植被指数分析

分别基于不同时间段的小麦无人机多光谱影像构建归一化植被指数（NDVI）、土壤调整植被指数（SAVI）和冠层叶绿素含量指

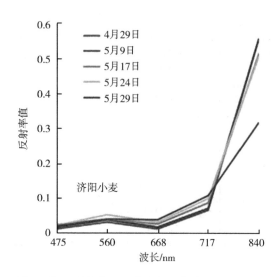

图4　同一采样点不同生育期小麦的光谱反射率

数（CCCI），实时监测不同时间段小麦的长势情况，其中 NDVI、SAVI、ARVI 值越大，说明作物长势越好。

　　图5为济阳区不同时间段的 NDVI 指数分布图，NDVI 值 -1.0~0.2 为非植被地物，NDVI 值 0.2~0.4 是长势很差的小麦或

4月29日　　　　　　　　　　　　5月9日

者绿叶较少的小麦，NDVI 值 0.4~0.6 是长势较差的或者绿叶较少的小麦，NDVI 值 0.6~0.7 是长势一般或者绿叶数一般的小麦，NDVI 值 0.7~1.0 是长势较好的小麦。

5月17日　　　　　　　　　　5月24日

5月29日

N

图例

-1.0~0.2　0.2~0.4　0.4~0.6　0.6~0.7　0.7~0.8　0.8~1.0

0　0.03　0.07　0.1 km

图5　济阳试验区不同时间段小麦 NDVI 分布

图6为济阳区不同时间段的SAVI指数分布图。SAVI值-1.0~0.2为非植被地物，SAVI值0.2~0.4是长势很差的小麦或者绿叶较少的小麦，SAVI值0.4~0.6是长势较差或者绿叶较少的小麦，SAVI值0.6~0.7是长势一般的小麦，SAVI值0.7~1.0是长势较好的小麦。

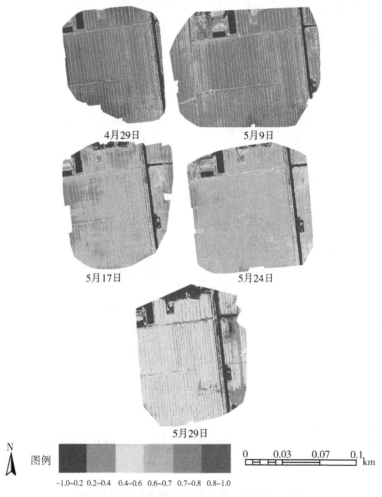

图6　济阳试验区不同时间段小麦SAVI分布

图7为济阳区不同时间段的 CCCI 指数分布图。CCCI 值
-1.00~0.20 为非植被地物，CCCI 值 0.20~0.40 是长势很差的小
麦或者绿叶较少的小麦，CCCI 值 0.40~0.55 是长势较差或者绿叶
较少的小麦，CCCI 值 0.55~0.65 是长势一般的小麦，CCCI 值
0.65~1.00 是长势较好的小麦。

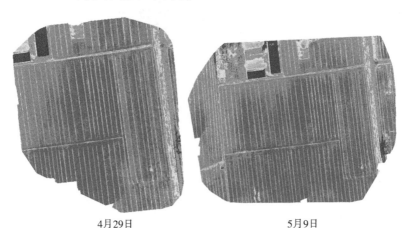

4月29日	5月9日

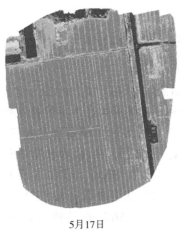 

5月17日	5月24日

5月29日

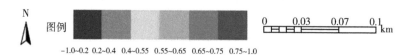

N

图例

0   0.03   0.07   0.1
‖‖‖‖‖‖‖‖‖‖‖‖‖‖‖‖ km

-1.0~0.2 0.2~0.4 0.4~0.55 0.55~0.65 0.65~0.75 0.75~1.0

图7 济阳试验区不同时间段小麦 CCCI 分布

2.3 模型的构建与检验

利用植被指数（NDVI、SAVI、CCCI）分别构建 SPAD、地上部干重、地上部鲜重的单一指数监测模型及同时包含 3 种植被指数的多元线性回归（MLR）模型，并利用独立数据对模型进行验证。各模型及其决定系数 R_C^2，检验集的 R_V^2、RMSE、Slope 和模型最优解参数（MOSP）见表 1。可知，基于 NDVI、SAVI、CCCI 3 种植被指数建立的多元线性回归模型更优，其最优解参数（MOSP）值高于仅依赖单一植被指数构建的模型，说明 MLR 模型精度更高、稳定性更好。SPAD 值的最佳监测模型为 $y=19.765+7.522\mathrm{NDVI}+18.362\mathrm{SAVI}+25.629\mathrm{CCCI}$，$R_C^2$ 为 0.965；预测小麦叶干重的最佳监测模型为 $y=-0.508+0.603\mathrm{NDVI}+0.325\mathrm{SAVI}+0.032\mathrm{CCCI}$，$R_C^2$ 为 0.951；预测小麦叶鲜重的最佳模型为 $y=-2.217+2.923\mathrm{NDVI}+2.213\mathrm{SAVI}-1.417\mathrm{CCCI}$，$R_C^2$ 为 0.766。

表1　小麦生长指标的监测模型评价

生化指标	方法	模型	建模集 R_C^2	检验集 R_V^2	RMSE	Slope	MOSP
SPAD	NDVI	$y=48.648x+17.347$	0.761	0.811	2.785	0.589	−0.624
	SAVI	$y=52.93x+17.588$	0.787	0.806	2.530	0.862	−0.075
	CCCI	$y=41.679x+28.847$	0.933	0.823	2.375	0.733	0.094
	MLR	$y=19.765+7.522\mathrm{NDVI}$ $+18.362\mathrm{SAVI}+$ $25.629\mathrm{CCCI}$	0.965	0.825	2.366	0.841	0.265
叶干重	NDVI	$y=0.824x-0.503$	0.856	0.893	0.035	0.580	2.294
	SAVI	$y=0.72x-0.368$	0.615	0.912	0.033	0.701	2.195
	CCCI	$y=0.587x-0.228$	0.833	0.885	0.035	0.587	2.27
	MLR	$y=-0.508+0.603\mathrm{NDVI}$ $+0.325\mathrm{SAVI}+$ $0.032\mathrm{CCCI}$	0.951	0.924	0.028	0.773	2.62
叶鲜重	NDVI	$y=2.016x-1.006$	0.701	0.853	0.141	0.517	1.93
	SAVI	$y=0.0662\exp^{2.997x}$	0.654	0.883	0.145	0.556	1.948
	CCCI	$y=0.135\exp^{2.254x}$	0.754	0.905	0.149	0.484	1.994
	MLR	$y=-2.217+2.923\mathrm{NDVI}$ $+2.213\mathrm{SAVI}-$ $1.417\mathrm{CCCI}$	0.766	0.835	0.111	0.777	2.267

　　将小麦各指标的最佳监测模型反演到无人机多光谱影像中，得到小麦不同生育时期的 SPAD、地上部干重、地上部鲜重分布图，据此可判断小麦的长势情况，从而为精确施肥、喷药等提供技术

支撑。

3 结论

本研究以无人机多光谱遥感数据为基础，建立了冬小麦全生育期 SPAD、地上部干重、地上部鲜重的多变量监测模型。经过对比分析，以 NDVI、SAVI、CCCI 3 种指数为变量的多元线性回归模型精度更高、更稳定。其中，预测小麦 SPAD 值的最佳模型为 $y = 19.765 + 7.522NDVI + 18.362SAVI + 25.629CCCI$，$R^2 = 0.965$；预测小麦叶干重的最佳模型为 $y = -0.508 + 0.603NDVI + 0.325SAVI + 0.032CCCI$，$R^2 = 0.951$；预测小麦叶鲜重的最佳模型为 $y = -2.217 + 2.923NDVI + 2.213SAVI - 1.417CCCI$，$R^2 = 0.766$。本研究结果可为大面积农田小麦长势的实时监测和产量估测提供有效技术支撑。

参考文献

[1] 蒙继华. 农作物长势遥感监测指标研究 [D]. 北京：中国科学院，2006.

[2] 李学国. 基于无人机遥感光谱图像的小麦玉米长势精准监测研究 [D]. 泰安：山东农业大学，2019.

[3] HABOUDANE D, MILLER J R, PATTEY E, et al. Hyperspectral vege－tation indices and novel algorithms for predicting green LAI of crop canopies：modeling and validation in the context of preci－sion agriculture [J]. Remote Sensing of Environment, 2004（90）：337-352.

[4] 唐延林，王秀珍，王福民，等. 农作物 LAI 和生物量的高光谱法测定 [J]. 西北农林科技大学学报（自然科学版），2004，32（11）：100-104.

[5] 邵国敏，王亚杰，韩文霆. 基于无人机多光谱遥感的夏玉米叶面积字数估算方法 [J]. 智慧农业（中英文），2020（3）：118-128.

[6] HONKAVAARA E, SAARI H, KAIVOSOJA J, et al. Processing and

as-sessment of spectrometric, stereoscopic imagery collected using a lightweight UAV spectral camera for precision agriculture [J]. Remote Sensing, 2013, 5: 5006-5039.

[7] LELONG C C D, BURGER P, JUBELIN G, et al. Assessment of un-manned aerial vehicles imagery for quantitative monitoring of wheat crop in small plots [J]. Sensors (Basel), 2008, 8: 3557-3585.

[8] HUNT E R, HIVELY W D, FUJIKAWA S J, et al. Acquisition of NIR-Green-Blue digital photographs from unmanned aircraft for crop monitoring [J]. Remote Sensing, 2010, 2: 290-305.

[9] 郭伟, 朱耀辉, 王慧芳, 等. 基于无人机高光谱影像的冬小麦全蚀病监测模型研究 [J]. 农业机械学报, 2019, 50 (9): 162-169.

[10] 杨俊, 丁峰, 陈晨, 等. 小麦生物量及产量与无人机图像特征参数的相关性 [J]. 农业工程学报, 2019, 35 (23): 104-110.

[11] 江杰, 张泽宇, 曹强, 等. 基于消费级无人机搭载数码相机监测小麦长势状况研究 [J]. 南京农业大学学报, 2019, 42 (4): 622-631.

[12] 滕连泽, 罗勇, 张洪吉, 等. 无人机遥感在农业监测中的应用研究综述 [J]. 科技资讯, 2018 (23): 122-124.

[13] 田庆久, 闵祥军. 植被指数研究进展 [J]. 地球科学进展, 1998 (4): 10-16.

[14] HUETE A R. A soil-adjusted vegetation index (SAVI) [J]. Remote sensing of environment, 1988, 25 (3): 295-309.

二、微波遥感监测技术

微波遥感与光学遥感相比, 除了具有光学遥感不具有的全天候和全天时观测能力外, 特征信号丰富, 含有幅度、相位和极化等多种信息, 它对地球覆盖层的穿透能力也较红外波段强。微波在传播途径中, 由于媒介质的不连续性、不均匀性、各向异性以及耗损等因素, 将在遥感目标区产生反射、散射、透射、吸收和辐射等各种现象。目标与散射电磁波的相互作用, 使电磁波产生空间、时间、幅度、频率、相位和极化等参数的调制，从而使回波载有信息，通过标定和信号处理技术，把这些信息变成各种特征信号，例如散射系数、极化系数、相对相位、发射率、表现温度、亮度温度、多普勒频谱、功率谱、角谱，以及时域统计的各阶矩等。通过建立半经验公式或数学模型，在特征信号与被测目标的物理量之间建立起严格的对应关系，从而推知遥感目标的物理特征和运动特征，达到辨认目标和识别目标的目的。

1. 成像雷达技术

该技术是一种主动微波遥感技术，具有不受天气状况影响的全天时、全天候成像能力和对地物表面粗糙度状况精细的探测能力，在海洋石油污染监督中发挥着重要作用。

目前成像雷达技术已从单波段、单极化向多波段、多极化和极化干涉雷达技术发展，有望在环境污染监测中进一步拓展领域和提高监测水平，但尚需在信息提取和处理方面进一步研究。

2. 激光雷达遥感技术

通过发射光波，从其散射光、反射光的返回时间及强度、频率偏移、偏光状态的变化等测量目标的距离及密度、速度、形状等物理性质的方法及装置叫光波雷达。由于实际上使用的几乎是激光，所以又叫激光雷达，简称光雷达。

激光雷达是主动型微波遥感器的一种，它主要用于测量大气的状态及大气污染、平流层物质等大气中物质的物理性质及其空间分布等。在环境污染监测中，激光雷达技术不仅能探测大气污染物中的各种成分，而且能监测大气中臭氧的分布和水样中的石油污染或植物的叶绿素含量等。

3. 微波辐射计监测技术

微波辐射计监测技术是一种无源微波遥感器，它吸收并测量由地面目标产生的辐射功率，以便掌握目标在微波波段的特征，区分不同目标，并推导出目标的某些参数。微波辐射计可用来观测海面状态和大气状态，如海平面温度、海风、盐度、海冰、水蒸气量、云层含水量、降水强度、大气温度、风、臭氧、气溶胶、氧化氮等。

第四节　遥感卫星

一、国外遥感卫星介绍

（一）Landsat 系列卫星

美国 NASA 的陆地卫星（Landsat）计划（1975 年前称为地球资源技术卫星-ERTS）从 1972 年 7 月 23 日以来，已发射 9 颗（第 6 颗发射失败）（表 3-1）。Landsat 1-4 均相继失效，陆地卫星五号于 2013 年 6 月退役。Landsat 7 于 1999 年 4 月 15 日发射升空。Landsat 8 于 2013 年 2 月 11 日发射升空，经过 100d 测试运行后开始获取影像。

陆地卫星计划是运行时间最长的地球观测计划。

美国陆地卫星（LANDSAT）系列卫星由美国航空航天局（NASA）和美国地质调查局（USGS）共同管理。

陆地卫星的主要任务是调查地下矿藏、海洋资源和地下水资源，监视和协助管理农、林、畜牧业和水利资源的合理使用，预报农作物的收成，研究自然植物的生长和地貌，考察和预报各种严重的自然灾害（如地震）和环境污染，拍摄各种目标的图像，以及绘制各种专题图（如地质图、地貌图、水文图）等。

（二）Ikonos 卫星

Ikonos 卫星是世界上第一颗提供高分辨率卫星影像的商业遥感卫星。

美国于 1999 年 4 月发射了 Ikonos 系列卫星的第一颗 Ikonos-1 卫星，但因火箭整流罩分离问题导致卫星未能入轨。同年 9 月，Ikonos-2 卫星发射升空，运行在高度为 681km、倾角 98.1°的太阳

表 3-1　Landsat 系列卫星一览

卫星参数	Landsat 1	Landsat 2	Landsat 3	Landsat 4	Landsat 5	Landsat 6	Landsat 7	Landsat 8	Landsat 9
发射时间	1972.7.23	1975.1.22	1978.3.5	1982.7.16	1984.3.1	1993.10.5	1999.4.15	2013.2.11	2021.9.27
停用时间	1978.1.6	1983.7.27	1983.9.7	1993.12.14	2013.1.5	发射失败	在役	在役	在役
传感器组成	MSS/RBV	MSS/RBV	MSS/RBV	MSS/TM	MSS/TM	ETM	ETM+	OLI/TIRS	OLI/TIRS2
卫星高度	920km	920km	920km	705km	705km	发射失败	705km	705km	705km
半主轴/km	7 285.438	7 285.989	7 285.776	7 083.465	7 285.438	7 285.438	—	—	—
倾角	99.125°	99.125°	99.125°	98.22°	98.22°	98.2°	98.22°	98.2°（轻微右倾）	98.2°
经过赤道的时间	8：50	9：03	6：31	9：45	9：30	10：00	10：00	9：45至10：15	9：45至10：15
覆盖间期/d	18	18	18	16	16	16	16	16	14
扫幅宽度	185km	185km	185km	185km	185km	185km	180km×170km	170km×180km	185km
波段数	4	4	4	7	7	8	8	11	11
机载传感器	MSS	MSS	MSS	MSS、TM	MSS、TM	ETM	ETM+	OLI、TIRS	OLI、TIRS-2
运行情况	1978 年退役	1976 年失灵，1980 年修复，1982 年退役	1983 年退役	2001 年 6 月 15 日 TM 传感器失效，退役	2013 年 6 月退役	发射失败	正常运行至今（有条带）	正常运行至今	正常运行至今

（续表）

卫星参数	Landsat 1	Landsat 2	Landsat 3	Landsat 4	Landsat 5	Landsat 6	Landsat 7	Landsat 8	Landsat 9
空间分辨率/m	80	40、80	40、80	30、120	30、120	15、30、60	15、30、60	15、30、100	15、30、100
波段	Green, Red, NIR1, NIR2	Green, Red, NIR1, NIR2	Green, Red, NIR1, NIR2, Thermal	Blue, Green, Red, NIR1, NIR2, Thermal	Blue, Green, Red, NIR1, NIR2, Thermal	—	Blue, Green, Red, NIR1, SWIR-1, SWIR-2, Thermal, Panchromatic	Coastal, Blue, Green, Red, NIR1, SWIR-1, SWIR-2, Cirrus, Panchromatic, TIR-1, TIR-1	Coastal, Blue, Green, Red, NIR1, SWIR-1, SWIR-2, Cirrus, Panchromatic, TIR-1, TIR-1
重访周期/d	18	18	18	16	16	—	16	16	16
卫星运行单位	NASA	NASA	NASA	NOAA、Eosat	NOAA、Eosat	—	NOAA	NOAA	NOAA

同步圆轨道，轨道周期98min，降交点地方时为10：30。全色分辨率达到 0.82m，多光谱分辨率 3.28m。单景图像尺寸 11.3km×11.3km，连续条带成像模式图像尺寸 11.3km×100km。无地面控制点时，图像定位精度12m，1m 分辨率时平均重访周期约 3d，2.7m 分辨率时平均 1d 重访 1 次（表3-2）。

表3-2 Ikonos 卫星

卫星名称	发射时间 /年	传感器	分辨率 /m （全色/ 多光谱）	重访天数 /d	幅宽 /km	定位精度 /m （平面/ 高程）	应用 领域
Ikonos-1	1999	未能入轨	—	—	—	—	—
Ikonos-2	1999	Ikonos-2	1/4	2.9/1.6	11	有控 2/3；无控 12/8	测图

（三）QuickBird 卫星

快鸟卫星（Quick Bird）于 2001 年 10 月 18 日由美国 Digital-Globe 公司发射成功，是世界上唯一能提供亚米级分辨率的商业卫星。Quick Bird 在成像摆角方面有显著的优势，具有最高的地理定位精度，海量星上存储，单景影像比其他的商业高分辨率卫星高出 2~10 倍，能够满足更专业、更广泛应用领域的遥感用户，为用户提供更好、更快的遥感信息源服务。

美国数字全球（Digital Globe）公司于 2000 年 11 月发射 QuickBird-1 卫星，由于卫星未能正常入轨而失败。2001 年 10 月 18 日，QuickBird-2 卫星发射成功。QuickBird-2 运行在轨道高度为 450km、倾角 98°的太阳同步圆轨道，轨道周期 93.4min，降交点地方时为 10：30。450km 标称轨道上全色分辨率达到 0.61m，4 谱段多光谱分辨率 2.44m，幅宽 16.5km；侧摆 25°时，全色分辨率 0.72m，多光谱分辨率 2.88m（表3-3）。

表3-3　QuickBird 卫星性能

卫星名称	发射时间/年	传感器	分辨率/m（全色/多光谱）	重访天数/d	幅宽/km	定位精度/m（平面/高程）	应用领域
Quick-Bird-1	2000	未能入轨	—	—	—	—	—
Quick-Bird-2	2001	Quick-Bird-2	1/4	1~6	16.5	有控2/2；无控23/17	测图资源环境

　　QuickBird 遥感技术的应用已经相当广泛，应用深度也不断加强。在地学科学、农业、林业、城市规划、土地利用、环境监测、考古、野生动物保护、环境评价、牧场管理等各个领域均有不同程度的应用，QuickBird 遥感技术也已成为实现数字地球战略思想的关键技术之一。

　　（四）OrbView 卫星

　　美国于 1995 年成功发射了 OrbView-1 卫星（于 2000 年退役），为大气层风暴研究航天器；于 1997 年成功发射了 OrbView-2 卫星（于 2010 年退役），为海洋和陆地遥感卫星；OrbView-4 于 2001 年发射失败；该系列首颗高分辨率光学遥感卫星 OrbView-3 于 2003 年成功发射。OrbView-3 卫星采用太阳同步轨道，其轨道高度为 470km。卫星重访周期为 3d，观测角度为 ±45°，具有立体测图能力。可提供 1m 分辨率全色图像和 4m 分辨率的多光谱图像，幅宽 8km。1m 分辨率的全色图像可形成高精度的数字图像和卫星飞过区域的三维图像；4m 分辨率的多光谱图像可以产生城市、乡村和未开发区域的彩色和红外信息。2007 年 3 月 OrbView-3 成像系统发生故障，并于 4 月宣布 OrbView-3 全部损耗（表 3-4）。

表 3-4 OrbView 系列卫星性能

卫星名称	发射时间/年	传感器	分辨率/m（全色/多光谱）	重访天数/d	幅宽/km	定位精度/m（平面/高程）	应用领域
OrbView-1	1995	OrbView 1	10 000	2	1 300		气象
OrbView-2	1997	OrbView 2	1 000	1	2 800		海洋/资源
OrbView-3	2003	OrbView 3	1/4	3	8	有控 7.5/3.3；无控 12/8	测图/资源
OrbView-4	2001	发射失败					

（五）GeoEye 卫星

美国 GeoEye 公司于 2008 年 9 月发射了 GeoEye-1 卫星，代表了当时商用光学遥感卫星的技术水平和发展趋势，标志着分辨率优于 0.5m 的商用遥感卫星进入实用阶段。GeoEye-1 运行在轨道高度为 681km、倾角 98°的太阳同步轨道，轨道周期 98min，降交点地方时为 10∶30。全色分辨率达到 0.41m，4 谱段多光谱分辨率 1.64m，天底点标称成像幅宽 15.2km（表 3-5）。

表 3-5 GeoEye-1 卫星性能

卫星名称	发射时间/年	传感器	分辨率/m（全色/多光谱）	重访天数/d	幅宽/km	定位精度/m（平面/高程）	应用领域
GeoEye-1	2008	GeoEye 1	0.41/1.6	2-3	15.2	有控 0.5/NA；无控 3/NA	测图/资源

GeoEye-1 卫星具有空间分辨率极高、测图能力极强、重访周期极短和星座观测能力等特点。

（六）WorldView 卫星

美国数字地球（Digital global）公司研发了 WorldView 系列高分辨率商业卫星。它由 4 颗（WorldView-1、WorldView-2、WorldView-3、WorldView-4）卫星组成，其中 WorldView-1 和 WorldView-2 分别在 2007 年和 2009 年发射，2014 年发射的 WorldView-3 卫星是第一颗用于对地观测和先进地理空间方案的多种载荷、超光谱、高分辨率商业卫星，提供 0.31cm 的全色分辨率、1.24m 的多光谱分辨率、3.7m 的短波红外分辨率。WorldView-4 卫星于 2016 年 11 月搭乘美国擎天神 5 号运载火箭发射升空，再一次大幅提高了 DigitalGlobe 星座群的整体数据采集能力，让 Digital-Globe 可以对地球上任意位置的平均拍摄频率达到每天 4.5 次，且地面分辨率优于 1m（表 3-6）。

表 3-6　WorldView 系列卫星性能

卫星名称	发射时间 /年	传感器	分辨率 /m （全色/ 多光谱）	重访天数	幅宽 /km	定位精度 /m （平面/ 高程）	应用 领域
World-View-1	2007	World-View-1	0.45	1.7	16	有控 2/NA； 无控 5.8~7.6/NA	测图/ 海洋
World-View-2	2009	World-View-2	0.46/1.8	1.1/3.7	16.4	有控 2/NA； 无控 8.5~10.7/NA	测图/ 海洋
World-View-3	2014	World-View-3	0.31/1.24	1	13.1	无控<3.5/NA	测图/ 灾害/ 海洋
World-View-4	2016	World-View-4	0.31/1.24	1	13.1	优于 1/NA	测图/ 灾害/ 海洋

（七）SkySat 卫星

SkySat 卫星系列是美国 PLANET 公司发展的高频成像对地观测小卫星星座，主要用于获取时序图像，制作视频产品，并服务于高分辨率遥感大数据应用。SkySat 卫星星座目前已经发射 13 颗，是世界上卫星数量最多的亚米级高分辨率卫星星座，其全色波段分辨率可以达到 0.8m，多光谱（蓝、绿、红、近红外 4 个波段）也具有较高的地面分辨率（1m）。同时，SkySat 卫星星座还具有非常高的时间重访频率，可实现一天内对全球任意地点 2 次拍摄，非常有利于地物目标监测和变化检测分析。未来，卫星数量将增加至 21 颗，可以具备对目标每天 8 次的重访能力（表 3-7）。

表 3-7　SkySat 小卫星性能参数

卫星名称	发射时间 /年	传感器	分辨率 /m （全色/ 多光谱）	重访天数 /d	幅宽 /km	定位精度 /m （平面/ 高程）	应用领域
SkySat	2013—2017	CMOS 相机	0.8/1	每天 2 次	>8	—	地物目标和变化检测分析

（八）PlanetScope 卫星

PlanetScope 小卫星星座是以美国 Planet 公司为代表的新兴商业遥感卫星公司，利用技术降低卫星尺寸和成本，以更低的风险部署的大规模卫星星座。Planet 公司因其成功发射和运营庞大的 Doves 星群、并提供高频次中高分遥感影像服务而闻名。Doves 星群也被习惯称为 PlanetScope 小卫星星座，每个 PlanetScope 卫星成员都是一颗 3U 立方体小卫星（10cm×10cm×30cm）。PlanetScope 小卫星星座现有在轨卫星共 170 余颗，是全球最大的卫星星座，可实现每天监测全球 1 次（表 3-8）。

表 3-8　PlanetScope 卫星性能参数

卫星名称	发射时间/年	传感器	分辨率/m	重访天数/d	幅宽/km	定位精度/m（平面/高程）	应用领域
PlanetScope	2014—2017	—	3.0	1	20	—	监测

（九）MODIS 数据

中分辨率成像光谱仪（Moderate-resolution Imaging Spectroradiometer，缩写 MODIS）是美国宇航局研制大型空间遥感仪器，以了解全球气候的变化情况以及人类活动对气候的影响。

1999 年随地球观测系统（EOS）泰拉（Terra）AM 卫星发射到地球轨道，2002 年随另一枚地球观测系统水（Aqua）PM 卫星升空。该装置在 36 个相互配准的光谱波段捕捉数据，覆盖从可见光到红外波段。每 1~2d 提供地球表面观察数据 1 次。它们被设计用于提供大范围全球数据动态测量，包括云层覆盖的变化、地球能量辐射变化，海洋陆地以及低空变化过程（表 3-9）。

表 3-9　MODIS 传感器基本参数

项目	参数
空间分辨率	250m（1~2 波段）；500m（3~7 波段）；1 000m（8~36 波段）
扫描宽度	2 330km
时间分辨率	1d
光谱参数	36 个离散光谱波段，光谱范围宽，从 0.4μm（可见光）到 14.4μm（热红外）全光谱覆盖。
轨道	705km，降轨 10：30 过境，升轨 13：30 过境；太阳同步；近极地圆轨道
设计寿命	5 年

MODIS 是高信噪比仪器，具有高效的数据存储格式（HDF）、

· 123 ·

信息丰富、数据获取快及覆盖范围广等特点，因此 MODIS 数据在开展水文水监测、土地利用覆盖监测、草地估产、洪涝监测等方面具有非常大的应用价值。

（十）哨兵系列地球观测卫星

"哨兵"系列地球观测卫星是欧盟委员会和欧洲航天局共同倡议的全球环境与安全监测系统（即哥白尼计划）的重要组成部分，目的是帮助欧洲进行环境监测和满足其安全需求，主要将用来观测陆地和海洋环境，同时为应对和管理自然灾害提供帮助。"哨兵"系列卫星共有 6 颗，分别具有不同的观测功能。

（1）Sentinel-1。为 C 波段合成孔径雷达，两颗相距 180°的卫星组成，每 6d 对整个地球进行一次成像，欧洲和加拿大和主要运输线路重访周期为 3d，北极重访周期不到 1d（表 3-10）。

表 3-10　Sentinel-1 卫星性能参数

项目	参数
发射时间	Sentinel-1A 于 2014 年 4 月 3 日发射 Sentinel-1B 于 2016 年 4 月 25 日发射
发射器	法属圭亚那库鲁联盟号火箭
轨道	极地，与太阳同步，高度 693km
重访时间	从两颗卫星星座出发（在赤道处）6d
寿命	最少 7 年
卫星	长 2.8m，宽 2.5m，高 4m 带 2m×10m 长的太阳能电池板和 12m 长的雷达天线
质量	2 300kg（包括 130kg 燃料）
仪器	5.405GHz 的 C 波段合成孔径雷达（SAR）
数据类型	250km 和 5m×20m 分辨率的干涉式宽扫描模式 20km×20km 和 5m×5m 分辨率（每 100km 间隔）的波模式图像 带状地图模式，扫描范围为 80km，分辨率为 5m×5m 400km 和 20m×40m 分辨率的超宽幅模式

（续表）

项目	参数
接收站	SAR 数据（挪威斯瓦尔巴特群岛；意大利马泰拉；西班牙 Maspalomas；加拿大 Inuvik），并通过 EDRS 通过激光连接遥测、跟踪和指挥（瑞典基律纳）
主要应用	监测海冰、溢油、海洋风、海浪和海流、土地利用变化、土地变形等，并应对洪水和地震等紧急情况

（2）Sentinel-2（Sentinel-2A 和 Sentinel-2B）。宽幅高分辨率多光谱成像仪，13 个波段、290km 幅宽，5d 重访周期。同一轨道上的两个相同卫星的星座，相距 180°，以实现最佳覆盖和数据传输。它们在一起每隔 5d 就覆盖地球的所有陆地表面、大岛、内陆和沿海水域。使法国 SPOT 和美国 Landsat 任务上也得到了扩展（表 3-11）。

表 3-11　Sentinel-2 卫星性能参数

项目	参数
发射器	法属圭亚那库鲁的维加火箭
轨道	极地，与太阳同步，高度为 786km
重访时间	从两颗卫星星座出发（在赤道处）5d
覆盖范围	北纬 84° 至南纬 84° 的陆地和沿海地区的系统覆盖
寿命	最少 7 年
卫星	长 3.4m，宽 1.8m，高 2.35m
质量	1 140kg（包括 123kg 燃料）
仪器	多光谱成像仪（MSI）覆盖 13 个光谱带（443~2 190nm），幅宽为 290km，空间分辨率为 10m（4 个可见和近红外带），20m（6 个红边/短波红外波段）和 60m（3 个大气矫正波段）
接收站	MSI 数据：传输到核心 Sentinel 地面站，并通过 EDRS 通过激光链路传输； 遥测数据：往返瑞典基律纳的传输

（续表）

项目	参数
主要应用	监测农业、森林、土地利用变化，土地覆盖变化； 绘制生物物理变量，例如叶片叶绿素含量、叶片水分含量、叶片面积指数；监测沿海和内陆水域；风险图和灾难图

（3）Sentinel-3。一套最先进的仪器，系统量测地球的海洋，陆地，冰层和大气层，以监测和了解大规模的全球动态。它将为海洋和天气预报提供近乎实时的基本信息。该任务基于两颗相同的卫星，它们在星座中运行，以实现最佳的全球覆盖范围和数据传输。幅宽为 1 270km 的海洋和陆地颜色仪器将每 2d 提供 1 次全球覆盖（表 3-12）。

表 3-12　Sentinel-3 卫星性能参数

项目	参数
发射时间	Sentinel-3A 于 2016 年 2 月 16 日发射升空 Sentinel-3B 于 2018 年 4 月 25 日发射升空
发射器	Rockot，来自俄罗斯普列塞茨克
轨道	极地，与太阳同步，高度为 815km
重访时间	SLSTR 大约 1d，OLCI 大约 2d，SRAL 在 27d 后有 47km 的地面轨道间隔，所有情况均在赤道使用两颗卫星星座
寿命	最少 7 年（携带燃料 12 年）
卫星	长 2.2m，宽 2.2m，高 3.7m
质量	重 1 150kg（包括 130kg 燃料）
仪器	海洋和陆地颜色仪器（OLCI）覆盖 21 个光谱带（400~1 020nm），条带宽度为 1 270km，空间分辨率为 300m 海洋和陆地表面温度辐射计（SLSTR）覆盖 9 个光谱带（550~12 000nm），双幅扫描，幅宽分别为 1 420km（最低点）和 750km（向后），可见空间分辨率为 500m 和近红外，热红外通道为 1km 合成孔径雷达高度计（SRAL）Ku 波段（SAR 处理后为 300m）和 C 波段，空间分辨率约为 300m 微波辐射计（MWR）双频在 23.8Hz 和 36.5Hz

（续表）

项目	参数
接收站	科学数据：传输到核心 Sentinel 地面站 遥测数据：传输到瑞典 Kiruna 和从瑞典传输
主要应用	海平面变化和海面温度测绘，水质管理，海冰范围和厚度测绘以及海洋数值预报；土地覆盖测绘；植被健康监测；冰川监测；水资源监测；野火监测；数值天气预报

二、中国遥感卫星

目前，中国的陆地资源卫星系列、高分卫星系列以及环境监测减灾小卫星星座的观测能力部分兼顾了农业遥感观测业务，能够初步满足农情监测、农作物分类估产以及农业灾害预警等方面的应用需求。

（一）陆地资源卫星系列

中国陆地资源卫星系统是中国最早探索遥感观测技术，并形成规模化应用的卫星系统，从 1999 年中国发射第一颗陆地资源卫星——中巴地球资源卫星-01（CBERS-1）以来，中国已成功发射了 4 颗资源一号卫星。在农业遥感应用领域，中国农业部遥感应用中心于 2001 年构建了基于 CBERS-1 卫星数据的新疆棉花遥感监测技术体系，首次将国产卫星数据纳入到农业部"国家农情遥感监测业务运行系统"中，并逐渐应用在全国冬小麦、玉米和水稻等大宗粮食作物种植面积监测业务中。

2011 年，中国资源一号 02C 卫星的成功发射掀开了国土资源业务卫星体系建设的序幕。在谱段选择和载荷配置方面，该星主要满足国土资源部的需求，配置 1 台 5m/10m 分辨率的全色/多光谱相机和 2 台 2.36m 高分辨率的 HR 相机。

目前，相关影像产品已广泛应用于耕地遥感监测、农田细小地物监测（道路、农业附属用地、林带）等，并利用其多光谱数据定量提取地表植被反射率、归一化植被指数、叶面指数等农情信息。

（二）测绘卫星系列

在中国测绘卫星系统中，2012年1月研制发射的资源三号（ZY-3）01星是中国首颗高精度传输型光学立体测绘卫星，覆盖宽度60km，用于1∶50 000比例尺地图测绘，卫星可提供2.1m全色/5.8m多光谱分辨率平面影像，数据融合后可满足农业遥感大尺度定性观测的要求。2016年5月30日研制发射的ZY-3-02星在ZY-3-01星的基础之上进行优化，搭载3台三线阵测绘相机、1台多光谱相机和1台激光测距仪等有效载荷，前后视相机分辨率由3.5m提高到优于2.7m，并拥有更优异影像融合能力、更高图像高程测量精度。ZY-3-02星发射后，与2012年发射的ZY-3-01星共同在轨运行，实现了2颗ZY-3测绘卫星组网运行，可使同一地点的重访周期由5d缩短至3d之内，全球覆盖的周期缩短一半，形成有效互补，具备连续、稳定、快速获取高分辨率立体影像和多光谱数据的能力。资源三号03星（ZY3-3）是资源三号系列卫星的第三颗，于2020年7月25日成功发射，具备多角度立体观测和激光高程控制点测量能力。激光测高仪单点测高精度预计优于1m，点间隔约3.6km。设计寿命由资源三号02星的5年延长至8年，与目前在轨的资源三号01星、02星共同组成我国立体测绘卫星星座，重访周期从3d缩短到1d，保证我国高分辨率立体测绘数据的长期稳定获取，形成全球领先的业务化立体观测能力，显著提升我国自然资源立体调查能力，为国民经济建设和社会发展提供基础性数据保障（表3-13、表3-14）。

在中国现阶段的农业业务应用中，两星数据已初步应用于烟草、茶树等多类经济作物的宏观监测分析评估，以及农业用地和农作物长势信息的监测。

表 3-13　轨道参数

项目	参数		
卫星标识	资源三号 01 星	资源三号 02 星	资源三号 03 星
运载火箭	长征运载		
发射地点	中国太原卫星发射中心		
卫星重量	2 630kg	不大于 2 700kg	约 2 500kg
设计寿命	5 年	5 年	8 年
数据传输模式	图像实时传输模式；图像记录模式；边记边传；图像回放模式		
轨道高度	约 506km	约 505km	约 505km
轨道倾角/过境时间	97. 421°/10：30		
轨道类型/轨道周期	太阳同步/98min		

表 3-14　传感器技术参数

项目	参数	
卫星标识	资源三号 01 星　资源三号 02 星	资源三号 03 星
相机模式	正视全色；前视全色；后视全色；正视多光谱	
分辨率	正视全色：2. 1m；前、后视 22° 全色：3. 5m；正视多光谱：5. 8m	
光谱范围	全色：0. 50～0. 80μm	
	多光谱： 0. 45 ~ 0. 52μm；0. 52 ~ 0. 59μm；0. 63 ~ 0. 69μm；0. 77 ~ 0. 89μm	
幅宽	正视全色：50km，单景 2 500km² ；正视多光谱：52km，单景 2 704km²	
重访周期	5d	
影像日获取能力	全色：近 1 000 000km²/d；融合：近 1 000 000km²/d	

（续表）

项目			参数	
激光测高仪	无	试验载荷	工作波长	1 064nm
			地面足印大小	70m@ 500km
			作用距离	500±20km
			重复频率	不小于 2Hz
			激光测距精度	优于 1m

（三）环境卫星系列

中国环境减灾系列卫星包括环境一号（HJ-1）"2+1"星座的2颗光学卫星（HJ-1A、HJ-1B）和 1 颗雷达卫星（HJ-1C），光学卫星装载了宽覆盖多光谱相机、超光谱成像仪和红外相机，雷达卫星装载了 S 频段合成孔径雷达。

HJ-1A 和 HJ-1B 形成一个卫星网络，在同一轨道平面上环绕地球，形成互补观测。

我国大部分地区每天都可以进行重复观测，这将大大缓解我国对地观测数据的不足，提高对环境和生态变化以及自然灾害的监测能力。

（四）高分卫星系列

随着中国高分辨率对地观测系统重大专项的实施，在中国现有高分数据政策的引导下，国产高分卫星数据在农业中的应用比重逐渐提高，在替代国外数据的同时，也逐渐提高了农业遥感的监测精度，拓展了卫星遥感技术在农业中的应用领域。其中，高分一号、二号卫星成功发射后，国产中高分辨率卫星数据迎来了黄金期，给农业遥感监测业务运行体系带来了巨大改善。

1. 高分一号（GF-1）卫星

GF-1 卫星是我国高分辨率对地观测首发的卫星。它设计寿命为 5~8 年，搭载了两台 2m 分辨率全色 8m 多光谱相机，四台 16m

分辨率多光谱相机。于 2013 年成功发射，可实现 2m/8m 分辨率对地观测，同时可利用宽幅相机实现 16m 分辨率 800km 幅宽广域普查（表 3-15、表 3-16）。

表 3-15　轨道参数

项目	参数
轨道类型	太阳同步回归轨道
轨道高度	645km（标称值）
倾角	98.050 6°
降交点地方时	10：30
侧摆能力（滚动）	±25°，机动 25° 的时间 ≤ 200s，具有应急侧摆（滚动）±35° 的能力

表 3-16　传感器技术参数

参数	高分相机		宽幅相机	
光谱范围	全色	0.45~0.90μm	全色	—
	多光谱	0.45~0.52μm	多光谱	0.45~0.52μm
		0.52~0.59μm		0.52~0.59μm
		0.63~0.69μm		0.63~0.69μm
		0.77~0.89μm		0.77~0.89μm
空间分辨率	全色	2m	全色	—
	多光谱	8m	多光谱	16m
幅宽	60km（2 台相机组合）		800km（4 台相机组合）	
重访周期（侧摆时）	4d		—	
覆盖周期（不侧摆）	41d		4d	

2. 高分二号（GF-2）卫星

高分二号（GF-2）卫星于 2014 年成功发射，搭载了两台具有 1m 全色分辨率和 4m 多光谱分辨率的全色多光谱相机，高分二号卫星在中国自主研制的民用光学遥感卫星中首次达到亚米级分辨率，同时具有高定位精度和快速姿态机动能力等特点，综合观测性能大大提升并且达到了国际先进水平，对中国遥感卫星的发展有着重大意义（表3-17、表3-18）。

表3-17　轨道参数

项目	参数
轨道类型	太阳同步回归轨道
轨道高度	631km（标称值）
倾角	97.908 0°
降交点地方时	10：30
侧摆能力（滚动）	±35°，机动35°的时间≤180s

表3-18　传感器技术参数

参数	全色/多光谱相机	
光谱范围	全色	0.45~0.90μm
	多光谱	0.45~0.52μm
		0.52~0.59μm
		0.63~0.69μm
		0.77~0.89μm
空间分辨率	全色	0.8m
	多光谱	3.2m
幅宽	45km（2台相机组合）	
重访周期（侧摆时）	5d	
覆盖周期（不侧摆）	69d	

3. 高分三号（GF-3）卫星

高分三号（GF-3）卫星是我国首颗分辨率达到1m的C频段多极化合成孔径雷达（SAR）卫星；具备12种成像模式，涵盖传统的条带成像模式和扫描成像模式，以及面向海洋应用的波成像模式和全球观测成像模式；GF-3星的分辨率可以达到1m，是世界上分辨率最高的C频段、多极化卫星（表3-19、表3-20）。

高分三号 01 星于 2016 年 8 月成功发射，2017 年 1 月投入使用，作为我国首颗立项研制的分辨率达到 1m 的 C 频段多极化 SAR 卫星，也是国内首颗设计寿命达到 8 年的低轨遥感卫星，广泛应用于海洋权益维护、灾害风险预警预报、水资源评价与管理、灾害天气和气候变化预测预报等领域。2021 年 11 月 23 日，高分三号 02 星成功发射，与高分三号 01 星实现双星运行，迈出了中国海陆监视监测合成孔径雷达（SAR）卫星星座建设的关键一步。高分三号 02 星是由中国航天科技集团五院研制的海洋监视监测业务星，与高分三号 01 卫星组网运行，形成海陆雷达星座，可以提高我国雷达卫星海陆观测能力，重点满足海洋、减灾、国土、环保、水利、农业、气象应用需求，为用户提供及时、可靠、稳定的图像产品。2022 年 4 月 7 日，高分三号 03 星在酒泉卫星发射中心由长征四号丙运载火箭成功发射。高分三号 03 星与 2016 年发射的高分三号 01 星、2021 年发射的高分三号 02 星，三星携手在太空中组成星座，织就一张"天眼网"。高分三号是高分辨率合成孔径雷达卫星，它是遥感卫星中的一种。

经过多年的实践与探索，高分系列卫星数据已经在全国冬小麦、油菜、水稻、玉米和棉花的种植面积等遥感监测业务中发挥了重要作用，大大减少了对国外数据的依赖，降低了系统运行成本，提高了系统的稳定性与安全性。

表 3-19　轨道参数

项目	参数
卫星标识	高分三号
运载火箭	长征四号丙
发射地点	中国太原卫星发射中心
卫星重量	2 779kg
设计寿命	8 年
轨道高度	755km

（续表）

项目	参数
轨道类型	太阳同步回归晨昏轨道
波段	C 波段
天线类型	波导缝隙相控阵
平面定位精度	无控优于 230m（入射角 20°~50°，33σ）
常规入射角	20°~50°
扩展入射角	10°~60°

表 3-20　传感器技术参数

成像模式名称		分辨率/m	幅宽/km	极化方式
	滑动聚束（SL）	1	10	单极化
16	超精细条带（UFS）	3	30	单极化
	精细条带1（FSⅠ）	5	50	双极化
	精细条带2（FSⅡ）	10	100	双极化
条带成像模式	标准条带（SS）	25	130	双极化
	全极化条带1（QPSⅠ）	8	30	全极化
	全极化条带2（QPSⅡ）	25	40	全极化
	窄幅扫描（NSC）	50	300	双极化
扫描成像模式	宽幅扫描（WSC）	100	500	双极化
	全球观测（GLO）	500	650	双极化
波成像模式（WAV）		10	5	全极化
扩展入射角（EXT）	低入射角	25	130	双极化
	高入射角	25	80	双极化

4. 高分四号（GF-4）卫星

高分四号（GF-4）卫星于 2015 年 12 月 29 日在西昌卫星发射

中心成功发射，是我国第一颗地球同步轨道遥感卫星，搭载了一台可见光 50m/中波红外 400m 分辨率、大于 400km 幅宽的凝视相机，采用面阵凝视方式成像，具备可见光、多光谱和红外成像能力（表 3-21、表 3-22）。

表 3-21 轨道参数

项目	参数
轨道类型	地球同步轨道
轨道高度	36 000km（标称值）
定点位置	105.6°E

表 3-22 传感器技术参数

项目			参数
光谱范围	可见光近红外	全色	0.45~0.90μm
		蓝	0.45~0.52μm
		绿	0.52~0.60μm
		红	0.63~0.69μm
		近红外	0.76~0.90μm
	中波红外		3.50~4.10μm
空间分辨率	可见光近红外		50m
	中波红外		400m
幅宽	400km		
重访时间	20s		

5. 高分五号（GF-5）卫星

高分五号（GF-5）卫星于 2018 年 5 月 9 日成功发射，是世界上第一颗同时对陆地和大气进行综合观测的卫星；首次搭载了大气痕量气体差分吸收光谱仪、大气主要温室气体探测仪、大气多角度偏振探测仪、大气环境红外甚高分辨率探测仪、可见短波红外高光谱相机、全谱段光谱成像仪共6台载荷，可对大气气溶胶、二氧化硫、二氧化氮、二氧化碳、甲烷、水华、水质、核电厂温排水、陆地植被、秸秆焚烧、城市热岛等多个环境要素进行监测（表3-23）。

表3-23 传感器技术参数

项目		参数
大气痕量气体差分吸收光谱仪（EMI）	光谱范围	240~315nm；311~403nm 401~550nm；545~710nm
	光谱分辨率	0.3~0.5nm
	空间分辨率	48km（穿轨方向）× 13km（沿轨方向）
大气主要温室气体探测仪（GMI）	中心波长	0.765μm 1.575μm 1.65μm 2.05μm
	光谱范围	0.759~0.769μm；1.568~1.583μm； 1.642~1.658μm；2.043~2.058μm
	光谱分辨率	0.6cm；0.27cm
大气多角度偏振探测仪（DPC）	光谱范围	433~453nm；480~500nm（P）； 555~575nm；660~680nm（P）； 758~768nm；745~785nm； 845~885nm（P）；900~920nm
	星下点空间分辨率	优于3.5km
大气环境红外甚高分辨率探测仪（AIUS）	光谱范围	750~4 100nm（2.4~13.3μm）
	光谱分辨率	0.03cm
可见短波红外高光谱相机（AHSI）	光谱范围	0.4~2.5μm
	空间分辨率	30m
	幅宽	60km
	光谱分辨率	VNIR：5nm SWIR：10nm

（续表）

项目		参数
全谱段光谱成像仪（VIMS）	光谱范围	0.45~0.52μm；0.52~0.60μm； 0.62~0.68μm；0.76~0.86μm； 1.55~1.75μm；2.08~2.35μm； 3.50~3.90μm；4.85~5.05μm； 8.01~8.39μm；8.42~8.83μm； 10.3~11.3μm；11.4~12.5μm； 共12个通道
	空间分辨率	20m（0.45~2.35μm）； 40m（3.5~12.5μm）
	幅宽	60km

6. 高分六号（GF-6）卫星

高分六号（GF-6）卫星于2018年6月2日成功发射，配置2m全色/8m多光谱高分辨率相机、16m多光谱中分辨率宽幅相机，2m全色/8m多光谱相机观测幅宽90km，16m多光谱相机观测幅宽800km。

这是一颗低轨光学遥感卫星，也是我国首颗精准农业观测的高分卫星，首次专门为农业应用需求设置两个红边波段具有高分辨率和宽覆盖相结合的特点。高分六号将与在轨的高分一号卫星组网运行，大幅提高对地观测能力，为生态文明建设、乡村振兴战略等重大需求提供遥感数据支撑（表3-24）。

表3-24 传感器技术参数

参数		高分相机		宽幅相机
光谱范围	全色	0.45~0.90μm	全色	—
	蓝	0.45~0.52μm	B1	0.45~0.52μm
	绿	0.52~0.60μm	B2	0.52~0.59μm
	红	0.63~0.69μm	B3	0.63~0.69μm
	近红外	0.76~0.90μm	B4	0.77~0.89μm
	—		B5	0.69~0.73μm（红边Ⅰ）
	—		B6	0.73~0.77μm（红边Ⅱ）
	—		B7	0.40~0.45μm
	—		B8	0.59~0.63μm

（续表）

参数		高分相机		宽幅相机
空间分辨率	全色	2m	全色	—
	多光谱	8m	多光谱	≤16m（不侧摆视场中心）
幅宽		≥90km		≥800km
信噪比	全色	≥47dB （太阳高度角70°， 地物反射率0.65） ≥28dB （太阳高度角30°， 地物反射率0.03）	全色	—
	多光谱	≥46dB （太阳高度角70°， 地物反射率0.65） ≥20dB （太阳高度角30°， 地物反射率0.03）	多光谱	≥46dB （太阳高度角70°， 地物反射率0.65） ≥20dB （太阳高度角30°， 地物反射率0.03）
绝对辐射定 标精度		优于7%		优于7%
相对辐射定 标精度		优于3%		优于3%

7. 高分七号（GF-7）卫星

高分七号（GF-7）卫星于2019年11月3日成功发射。

高分七号卫星运行于太阳同步轨道，设计寿命8年，搭载的两线阵立体相机可有效获取20km幅宽、优于0.8m分辨率的全色立体影像和3.2m分辨率的多光谱影像。搭载的两波束激光测高仪以3Hz的观测频率进行对地观测，地面足印直径小于30m，并以高于1GHz的采样频率获取全波形数据。卫星通过立体相机和激光测高仪复合测绘的模式，实现1:10 000比例尺立体测图，服务于自然资源调查监测、基础测绘、全球地理信息资源建设等应用需求，并为住房和城乡建设、国家调查统计等领域提供高精度的卫星遥感影像（表3-25）。

表3-25 轨道参数

项目	参数
运载火箭	长征运载
发射地点	中国太原卫星发射中心
轨道类型	太阳同步轨道
轨道高度	约500km
回归周期	≤60d
设计寿命	8年

第五节 农业领域遥感卫星发展趋势和挑战

一、农业领域遥感卫星发展趋势

农业遥感观测参数繁多、复杂性高，故为了保证数据关联性和时效性，美国和欧洲等国家或地区相继推出天地一体化的综合对地观测计划，建设全球性、立体、多手段、多维空间的观测体系，并且在计划和建设时，很重视系统的顶层设计，优化卫星载荷配置与星座组网，加强应用支撑服务能力建设，统筹规划系统功能，形成天地协调同步发展。欧洲和日本等国在后续的卫星规划中，均提出发展完善综合型立体观测星座计划，如补充完善TerraSAR卫星星座和ALOS卫星星座等，以合理配置各类资源，实现综合观测效益。

典型遥感卫星保持系列化发展态势，长期连续运行。如美国的Landsat卫星系列保持了30多年的稳定运行，目前在轨的卫星为Landsat-8，即陆地卫星数据连续任务（LDCM），是Landsat-7卫星的后续任务；欧洲的SPOT卫星系列也发展到SPOT-7，且均已实现业务化稳定运行。在保持观测数据的持续性和稳定性的基础上，观测要素也越来越全面，为农业大数据库建设和应用研究积累了丰富的数据源。

农业观测要素如地表作物类型、长势、土壤墒情、病虫害等的变化特征不仅随季节而显著改变，也随着短时间内的水、光、热、土壤条件以及人类活动等外界条件的变化而变化。因此，农业主体业务对遥感卫星观测的时效性要求较高，一般要求观测数据在农作物关键生长期内的多次全球覆盖，以及在农业灾害观测的应急状态下的天级重访周期，因此，国外遥感卫星单星均具有较大的观测幅宽，如 Landsat-8、Sentinel-2 等卫星的观测幅宽均在 100km 以上，以保证快速覆盖。此外，像 RapidEye、Urthecast 等卫星则进行多星组网，进一步提升观测时间分辨率。

二、中国农业遥感卫星面临的挑战

相比美国、欧洲等传统遥感强国，中国农业遥感卫星系统起步晚、技术底子薄，虽然通过近些年的发展取得了长足的进步，但仍与世界先进水平有着较大的差距。

现阶段，美国农业部中高分辨率遥感卫星数据可实现每年覆盖美国本土多次，而中国针对农业需求定制的专业卫星仍处于空白状态，目前还没有满足直接开展农作物生物参数监测、农业资源调查所需的高光谱卫星和 SAR 卫星等。中高分辨率农业遥感数据主要依赖高分专项卫星数据，然而由于卫星数量限制，卫星数据国土覆盖每年不足 1 次，一般只能覆盖农业主产区，而且缺乏能够区分农作物类型的波段。在遥感数据质量方面，仅能获取经过初级处理的二级遥感数据，因此在多源数据融合与联合反演、遥感数据深层次挖掘以及遥感增值服务方面的发展水平与国外相比仍存在较大的差距。

三、发展中国天地一体化农情监测技术

近年来，中国农业遥感技术的发展取得了长足的进步，农业遥

感应用技术理论发展也紧跟国际最先进水平；然而相比于国外农业遥感监测系统技术的发展，由于中国相关领域研究起步较晚，基础相对薄弱，政府投入有限，以及应用研究和成果转化之间的脱节现象严重等客观原因，导致现在还没有建成一套完备的天地一体化农情监测体系。

天地一体化农情监测系统作为一种高度定制化、体系化、实用化协调运行的对地观测体系，需要在探测体制、载荷配置、数据反演及应用等方面开展系统深入的研究工作。

1. 深化需求论证，完善发展规划

卫星的论证和设计工作与用户需求直接相关，因此应首先与各用户单位展开深入交流，进一步明确各类用户对于其关心的探测要素的测量需求和精度要求，并结合地面反演算法的优化，研究卫星的具体实现形式，确保满足用户需求。

同时，还应充分调研分析国内外在天基农业遥感卫星方面所开展的科学应用研究和工程技术实现的情况，仔细剖析其发展路径过程，认真梳理国内相关技术的基础与发展计划，在适当考虑未来的卫星平台技术发展基础上，规划出未来 10~15 年卫星的技术发展路线图。

2. 深入研究高精度遥感技术

过去的 20 年，中国农业遥感技术研究和应用从深度和广度上都得到长足发展，取得了显著的成果。然而，与国际前沿研究相比，在以下这些方面还需要开展进一步的深入研究工作。

（1）目前农业遥感定量反演研究集中在经验统计方法的应用和改进上，而在经验统计方法本身的创新上还有待进一步加强。

（2）定量反演过程缺乏物理模型方法的研究，如作物 LAI 的辐射传输模型和适用于田间尺度的土壤水分反演模型等仍需要加强创新性探索和开发工作。

（3）农作物遥感分类特征变量选择的理论研究不足，需进一步挖掘农作物遥感分类新特征变量。

（4）农作物遥感分类特征变量的综合应用存在缺陷，未来农作物遥感分类特征变量选择应该更多地从理论研究与特征变量的综合应用方面进行挖掘与创新，使其更好地服务于农业遥感应用需求。

（5）现阶段，农业遥感应用存在研究与成果转化脱节的现象，需要进一步补充和完善农业光谱数据库，并与 GIS、GPS 技术集成，更好地为精准农业、数字农业服务。

第六节　农业遥感技术的优势和局限

农业遥感技术是利用卫星、航空器等遥感平台对农田、林地、草地等农业生产资源进行快速、准确地探测、识别、监测和评价的一种手段。它可为农业生产提供精准的信息支持，进而为农业管理、农业防灾减灾、环境保护等方面提供帮助。

一、优势

1. 准确性高

农业遥感技术能够对农业资源进行精细化、高分辨率的测量，提供更加可靠、精准的数据和信息。

2. 及时性强

农业遥感技术能够实现动态监测，能够及时地掌握农业资源的变化情况，为农业生产提供快速反应的支持。

3. 省时省力

农业遥感技术可以减少人力、物力投入，为农业生产提高效率，提供便利。

4. 大范围内监测

农业遥感技术覆盖范围广，能够监测大面积的农业资源，为全球环境监测、地球趋势分析等提供关键信息。

二、挑战

1. 数据处理难度大

大规模操作的遥感数据处理需要较高的技术水平。从遥感数据中提取和分类信息需要算法、精度等，农业遥感技术需要大量的遥感数据进行有效的监测和分析，数据采集、处理和分析难度较大。

2. 大量的数据需求

农业遥感技术需要大量的数据支持，包括不同的数据类型、时间序列、遥感图像等。

3. 技术门槛高

农业遥感技术需要专业的技术人员进行操作和维护，技术门槛较高。

4. 干扰因素多

农业遥感技术容易受到人为干扰，如大气、云等干扰影响农业遥感数据的准确性。

农业遥感技术具有动态监测、快速反应、数据多样性、高空间精度、全面管控等优势，能够辅助农业生产提高资源利用率、增加产量、提高品质，但是遥感技术也存在着一些局限性，如天气干扰、图像形变、数据解译难度大等问题，这些局限性可以通过新技术的不断引进和优化来不断降低。

未来，农业遥感技术将向数据融合、智能化分析与决策支持、数据共享等方向不断发展。通过多源数据的融合，以及人工智能等技术的应用，农业遥感技术有望进一步提高其分析精度和数据解释能力，辅助管理者更加科学、高效地运用农业自动化和物联网等技术，最终促进农业生产向着高效、可持续、高品质的方向发展。

本章参考文献

符米静，2014. 多光谱遥感图像变化检测方法研究 ［D］. 西安：西安电子科技大学.

郭华东，1999. 中国雷达遥感图像分析［M］. 北京：科学出版社.

梅安新，彭望禄，秦其明，等，2001. 遥感导论［M］. 北京：高等教育出版社.

滕艳敏，2007. 试论 QuickBird 快鸟卫星影像的应用［J］. 中国地名（2）：78-79.

王桥，杨一鹏，黄家柱，等，2004. 环境遥感［M］. 北京：科学出版社.

周清波，2004. 国内外农情遥感现状与发展趋势［J］. 中国农业资源与区划，25（5）：9-14.

周伟奇，2004. 内陆水体水质多光谱遥感监测方法和技术研究［D］. 北京：中国科学院.

邹湘伏，何清华，贺继林，2006. 无人机发展现状及相关技术［J］. 飞航导弹（10）：9-14.

第四章 遥感技术在智慧农业领域的应用

20世纪60年代以来，随着空间技术、电子计算机技术的发展，极大推动了遥感技术的迅速发展，遥感技术已越来越广泛地应用于农业、海洋、地质、水文、气象、军事等多个领域。特别是高光谱遥感技术的出现拓宽了遥感信息定量获取新领域，逐渐成为农业遥感应用的重要前沿技术手段之一。

农业是遥感应用中最重要和最广泛的领域之一。20世纪20年代航空遥感刚转入民用，便被用于农业土地调查。尤其是20世纪60年代将多光谱原理应用于遥感后，人们根据各种植物和土壤的光谱反射特性，建立了丰富的地物波谱与遥感图像解译标志，在农业资源调查与动态监测、生物量估计、农业灾害预报与灾后评估等方面，开展了大量的和成功的应用。

国外的卫星遥感技术大多首先应用于农业，美国曾率先利用陆地卫星和气象卫星等数据预测全世界小麦产量，准确度大于90%，为该国在国际农产品贸易中占得先机。近年来，欧盟也利用卫星遥感技术进行农业补贴核查，服务于其共同农业政策（CAP）的执行，提高了欧盟农产品的国际竞争力。

我国的农业遥感起步于20世纪80年代初，在短短的十几年里取得了大量赶超世界先进水平的理论研究与应用成果。1986—1988年，作为我国农业遥感应用的代表，由中国科学院资源环境局主持的"黄土高原遥感专题研究"在林草资源遥感调查、土壤侵袭定量遥感调查、土地类型遥感综合研究、草场生物量的遥感估算、农业地物光谱特征及其应用基础研究、黄土区暴雨与下垫面关系的遥感分析等许多方面取得了大量成果，为黄土高原的综合治理提供了全方位的技术支持。1988 年，武汉测绘科技大学在湖北省利川市利用多光谱 MT 影像进行了草场资源调查，6 个人用半年时间就完成了近百人需要历时 3 年才能完成的工作量，且吻合率达 96%，成为遥感应用的成功范例。1987 年大兴安岭发生特大森林火灾时，中国科学院卫星地面站提供的火情现势卫星影像图对现场指挥、调度扑救起到了决定性作用。1998 年长江、嫩江流域发生特大洪灾时，航空、航天平台的遥感实时监测，为指挥抗洪救灾、恢复生产发挥了巨大作用。

卫星遥感技术在农业遥感中具有非常重要的作用，可以帮助农民和管理者更好地了解和监测农作物的生长状态和环境条件，解决农业管理中的精细化和高效化需求。本章将从卫星遥感技术在植被覆盖、农田面积、农作物长势、农作物估产和农业灾害监测等方面进行介绍。

第一节　植被变化监测

植被是联结土壤、大气和水分的自然纽带，在一定程度上，植被变化能在全球变化研究中充当"指示器"的作用，即植被覆盖变化可以从一个侧面反映气候变化的趋势。

植被是覆盖地表的森林、灌丛、草地与农作物等群落的总称，是陆地表面最突出的土地覆盖类型，具有截留降雨、减缓径流、防沙治沙、保水固土等功能。同时，也是反映区域生态环境优劣的重要监测指标之一。植被覆盖是许多全球、区域变化监测模型中所需的重要参数，是描述生态系统的重要基础数据库，在生态系统中发挥着重要的作用，较大尺度的植被覆盖变化体现了自然和人类活动对自然生态环境的驱动作用。土地覆盖在很大程度上取决于地表植被状况，地表植被对全球的能量平衡、生物化学循环、水循环等起着调控作用，对气候系统变化有着深远的影响，是影响全球生态变化的主要驱动因子。因此，获取地表植被覆盖及其变化信息，对于揭示地表空间变化规律、探讨变化的驱动因子和驱动力、分析评价区域生态环境具有重要的现实意义。

植被指数（VI）法是从遥感影像获取大范围植被信息常用的经济且有效的办法，它利用在轨卫星的红光和红外波段的不同组合进行植被研究，这些波段包含了90%以上的植被信息，并能消除外在因素的影响，如遥感器定标、大气、观测和照明几何条件等，从而较好地反映绿色植物的生长状况、空间分布，并可宏观地反映绿色植物的生物量和盖度等生物物理特征，因而广泛应用于土地利用覆盖探测、植被覆盖密度评价和作物识别等方面。

归一化植被指数是目前应用最广泛的一种植被指数，它利用在红光波段植被叶绿素的强吸收，在近红外波段植物叶片内部结构的强烈反射形成，可实现对植被信息的表达。归一化植被指数还是公认的表征植被变化的有效参数，它包含有植被覆盖的有用信息，NDVI 的变化在一定程度上能代表地表覆被的变化特征，因此分析时序 NDVI 的动态变化特征可以反映土壤覆盖的动态性。我国植被覆盖的动态变化受气候波动的影响十分显著，并且这种变化的区域性差异显著，因此，基于 NDVI 的植被覆盖变化研究在全球变化研究中具有重要意义。

NDVI 的定义为：$NDVI = \dfrac{\rho_{nir} - \rho_r}{\rho_{nir} + \rho_r}$

式中，ρ_{nir} 是近红外波段的地表反射率，ρ_r 是可见光红光波段的地表反射率。

可见光红光波段（$0.58 \sim 0.68 \mu m$）处于叶绿素的吸收带，近红外波段（$0.75 \sim 1.10 \mu m$）处于绿色植物的光谱反射区。

经归一化处理的 AVHRR NDVI 数据，部分消除了太阳高度角、卫星扫描角及大气程辐射的影响，对于陆地表面主要覆盖而言，云、水、雪在可见光波段比近红外波段有较高的反射作用，其

NDVI 值为负值；岩石、裸土在两波段有相似的反射作用，其 NDVI 值近于 0；而在有植被覆盖的情况下，NDVI 为正值，并随着植被覆盖度增大，其 NDVI 值越大。在大尺度 NDVI 图像上几种典型的地面覆盖类型区分鲜明，植被得到有效的突出。

NDVI 的缺陷是对土壤背景的变化较为敏感。试验证明，当植被覆盖度小于 15% 时，植被的 NDVI 值高于裸土的 NDVI 值，植被可以被检测出来，但因植被覆盖度很低，如干旱、半干旱地区，其 NDVI 很难指示区域的植物生物量，而对观测与照明却反应敏感；当植被覆盖度由 25% 增加到 80% 时，其 NDVI 值随植物量的增加呈线性迅速增加；当植被覆盖度大于 80% 时，其 NDVI 值增加延缓而呈现饱和状态，对植被检测灵敏度下降。

[应用举例]

贵州省植被覆盖时空分布特征研究

植被是覆盖地表的森林、灌丛、草地与农作物等群落的总称，具有截留降雨、减缓径流、防沙治沙、保水固土等功能。同时，也是反映区域生态环境的重要监测指标之一[1]。植被覆盖是许多全球、区域变化监测模型中所需的重要信息，是描述生态系统的重要基础数据库，在生态系统中发挥着重要的作用，因此，获取地表植被覆盖及其变化信息，对于揭示地表空间变化规律、探讨变化的驱动因子、分析评价区域生态环境具有重要的现实意义[2]。

特殊的地理位置和复杂的地形地貌，使贵州植被类型和生态条件复杂多样。目前对贵州特定喀斯特地貌背景下的贵州省植被的实验研究和理论研究较多，如王德炉[3]等通过对典型样地的植物区系基密度进行调查、全割法实测草本层生物量，对石漠化过程中植被的特征进行了研究，认为植被退化是石漠化发展的重要原因和标志；屠玉麟[4]就喀斯特生态环境类型划分的原则、主要参数以及具体指标、类型划分方法和分类系统进行了研究，基于遥感技术的调查研究偏重于对贵州高原喀斯特石漠化的研究及局部地区生态环境敏感度的研究[5-7]。目前，对于贵州省大范围、采用先进的遥感技术和多种遥感技术检测方法，对贵州省植被的研究还鲜见报道。本研究利用 1982—2003 年的 GIMMSNDVI 数据采用多种地表覆盖变化检测方法对贵州省的植被覆盖情况进行了分析，以期获得最好的分析结果，为优化生态环境提供决策依据，为贵州省现有生态环境监测方案的论证提供理论依据。

1　研究区概况

贵州地处中国西南部云贵高原东部，位于北纬 24°37′~29°13′、东经 103°36′~109°35′，气候温暖湿润，属亚热带湿润季风气候区。全省年平均气温 10~20℃，年平均降水量在 900~1 500mm，气候呈现冬无严寒、夏无酷暑、阴雨天多、四季不分明的特点。

2　数据与研究方法

2.1　数据和预处理

本研究采用的遥感数据为 NASA 戈达德航天中心（Goddard Space Flight Center，GSFC）全球监测与模型研究组（Global Inventor Modeling and Mapping Studies，GIMMS）制作的 1982—2003 年 15d 最大化合成的 8kmAVHRR-NDVI 数据集。

采用国际上惯用的最大值合成法（MVC），即在每个像元取该像元每旬的 NDVI 最大值对每月的 NDVI 进行预处理，该处理可以减少大气的云、颗粒、视角以及太阳高度角的影响从而提供了近似于晴空、无云的大气条件[8-9]。

2.2　归一化植被指数

归一化植被指数（Normalize Difference Vegetation Index）是目前应用最广泛的一种植被指数，NDVI 的变化在一定程度上能代表地表覆被的变化特征，因此分析时序 NDVI 的动态变化特征可以反映土壤覆被的动态性[10]。

NDVI 的定义为：

$$NDVI = (NIR-Red) / (NIR+Red)$$

其中，NIR 表示近红外波段的反射率，Red 表示可见光红外波段的反射率。

2.3 研究方法

2.3.1 均值法

统计研究区的 NDVI 值时，采用均值法进行计算，即统计区域内所有像元的 NDVI 的平均值。即：$\overline{NDVI} = \dfrac{1}{n} \sum\limits_{i=1}^{n} NDVI_i$

式中，i 为年数，$i=1, \cdots, n$。

2.3.2 差值法

用于量化两个年份 NDVI 值的变化，公式如下：

$$P_{ij} = NDVI_{ij}^{t_1} - NDVI_{ij}^{t_2}$$

其中，P_{ij} 是第 i 行、第 j 列像素的百分比数值；$NDVI_{j}^{t_1}$，是时相为 t_1 的第 i 行，j 列像素的 NDVI 值；t_1、t_2 代表时相；i、j 代表第 i 行、第 j 列像素的位置。

2.3.3 一元线性回归模拟

在每个象元的基础上，对 22 年来年平均 NDVI 值与年份进行线性拟合，趋势斜率用最小二乘法来计算，公式如下：

$$b = \frac{\sum\limits_{i=1}^{n} (x_i - \bar{x})(y_i - \bar{y})}{\sum\limits_{i=1}^{n} (x_i - \bar{x})^2}$$

其中，b 为线性趋势斜率，x、y 分别为年份和该年的 NDVI 值，$\bar{x}$、$\bar{y}$ 分别为年份的平均值和所有年份 NDVI 的平均值。负的斜率表示植被覆盖度下降，正的表示植被覆盖度上升[14]。

3 研究结果分析

3.1 1982—2003 年植被空间变化特征分析

图 1 反映了贵州地区 22 年平均 NDVI 的空间分布。从总体上

看，贵州省东南、西南部植被覆盖最好，贵州省中部植被覆盖最差。植被覆盖从东南方向向西北方向递减，与该区域降水的空间分布基本一致。植被覆盖较好的地区（NDVI处于0.45~0.60），行政上主要散落在贵州省的黔东南苗族侗族自治州、铜仁地区（今铜仁市）、黔西南布依族苗族自治州内的多县市，在遵义市的赤水市也有少量分布；植被覆盖较差的地区（NDVI处于0.23~0.39），主要分布在毕节市大部分县、遵义市东部，在遵义市和安顺市也有少量分布。

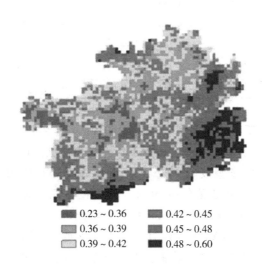

■ 0.23 ~ 0.36	■ 0.42 ~ 0.45	
■ 0.36 ~ 0.39	■ 0.45 ~ 0.48	
□ 0.39 ~ 0.42	■ 0.48 ~ 0.60	

**图1　贵州省1982—2003年平均
NDVI空间分布图**

为了更好地研究贵州地区植被覆盖总体变化在空间上的分布情况，分别取1982—1984年，1991—1993年、2001—2003年3个阶段各3年的NDVI平均值来代表20世纪80年代初、20世纪90年代初和21世纪初的NDVI值。分别计算了21世纪初、20世纪90年代初与80年代初的差值，统计各区间的面积及所占变化总量的百分率。21 世纪初、20 世纪 90 年代初与 20 世纪 80 年代初相比，贵州区域 NDVI 的变化情况见表 1。

表 1　贵州区域 NDVI 变化的面积统计

等级		20 世纪 80 年代初至 21 世纪初		20 世纪 80 年代初至 20 世纪 90 年代初		两期变化（后—前）
NDVI 的变化范围	变化级别	面积（km²）	占植被总面积（%）	面积（km²）	占植被总面积（%）	面积变化（km²）
[−0.07，−0.03]	显著减小	1 280	5.2	1 448	5.9	−168
[−0.03，−0.01]	减小不显著	4 840	19.8	6 384	26.1	−1 544
[−0.01，0.01]	基本不变	9 744	39.9	10 744	44	−1 000
[0.01，0.03]	增加不显著	6 448	26.4	5 000	20.5	1 448
[0.03，0.07]	显著增加	2 352	9.6	984	4	1 368

3.1.1　不同植被类型多年平均 NDVI 年内变化规律

不同植被类型多年平均 NDVI 年内变化情况如图 2 所示。研究区植被均呈单峰型变化特征，各植被类型 NDVI 值相差不大，NDVI>0.5 的年份出现在 6—9 月，最大值出现在 8 月。各类型植被间 NDVI 值的差异很小，从植被返青期开始（约 4 月）植被类型变化比较明显，NDVI 逐渐超过其他植被类型，达到各植被类型平均 NDVI 的最高值，但是其变化形式级差不大，其差异实质是不同植被光合作用的差异。

3.1.2　不同植被类型的年际变化规律

不同植被类型区平均 NDVI 的年际变化曲线如图 3 所示。各植被类型的变化规律大致相同，与整个区域的平均 NDVI 的变化也基本一致。各植被类型均在 1983 年出现最大峰值，在 1989 年出现最低峰值。平均 NDVI 最高的是草原和稀树灌木草原（15 类），最低的是一年生水旱两熟粮作和亚热带常绿、落叶经济林、果树园针叶林（23 类）。

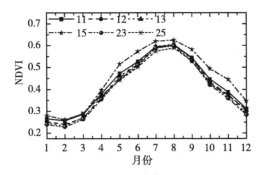

图2　贵州省各植被类型平均NDVI年内变化曲线图

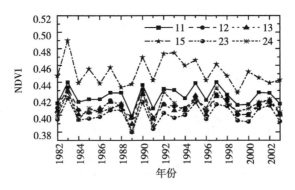

图3　贵州省各植被类型平均NDVI年际变化曲线图

从植被类型来看，11、12、13、23、24波动趋势相似，草原和稀树灌木草原（15类）的平均NDVI最高，针叶林（11类）、（单）双季稻连作喜凉旱作或一年三熟旱作和亚热带常绿经济林（24类）、阔叶林（12类）、灌丛和萌生矮林（13类）介于草地和农田之间；一年生水旱两熟粮作和亚热带常绿、落叶经济林、果树园针叶林（23类）最低。纵观整个图，各植被类型NDVI平均值由高到低的顺序为：草原和稀树灌木草原（15类）→针叶林（11

类）→（单）双季稻连作喜凉旱作或一年三熟旱作和亚热带常绿经济林（24 类）→阔叶林（12 类）→灌丛和萌生矮林（13类）→一年生水旱两熟粮作和亚热带常绿、落叶经济林、果树园针叶林（23 类）。各植被类型波动比较大，说明植被对气候变化的较敏感性和脆弱性。

3.2 不同植被类型 NDVI 变化规律

为研究不同植被类型多年的变化规律，以 1：4 000 000 中国植被图[11]，对研究区内 6 种植被类型的年平均 NDVI 的变化规律进行了分析，并统计了各种植被类型的像元数，如表 2 所示。

表 2　贵州区域主要植被类型编码及其像元数

植被大类	植被类型	植被类型编码	像元数	所占比例/%
自然植被	针叶林	11	178	6.634 4
	阔叶林	12	209	7.789 8
	灌丛和萌生矮林	13	1 957	72.940 7
	草原和稀树灌木草原	15	10	0.372 7
农业植被	一年生水旱两熟粮作和亚热带常绿、落叶经济林、果树园针叶林	23	242	9.101 98
	（单）双季稻连作喜凉旱作或一年三熟旱作和亚热带常绿经济林	24	87	3.242 6

对 22 年来 6 种植被类型进行线性拟合，确定其显著性水平。有 3 种植被类型分别是 11 针叶林（变化速率约为 0.000 1/10 年，$R = 0.008\ 59$，$P = 0.969\ 74$）、23 一年生水旱两熟粮作和亚热带常绿、落叶经济林、果树园针叶林和稀树灌木草原（变化速率约为 0.000 9/10 年，$R = 0.053\ 39$，$P = 0.813\ 47$，）、24（单）双季稻连作喜凉旱作或一年三熟旱作和亚热带常绿经济林（变化速率约为 0.004/10 年，$R = 0.185\ 07$，$P = 0.409\ 63$）表现为波动上升的趋势。其中，植被类型 24（单）双季稻连作喜凉旱作或一年三熟旱作和亚热带常绿经济林）上升趋势相对显著，23（一年生水旱

两熟粮作和亚热带常绿、落叶经济林、果树园针叶林）次之；农作物植被基本上呈上升趋势，植被类型24在20世纪90年代增长幅度最快，表明农业土地利用率有所提高；植被类型12阔叶林（变化速率为-0.002/10年，$R = -0.1165$，$P = 0.60564$）、13灌丛和萌生矮林（变化速率约为0.00007/10年，$R = 0.00407$，$P = 0.98566$）和15草原和稀树灌木草原（变化速率约为-0.005/10年，$R = -0.22337$，$P = 0.31767$）表现出下降的趋势，但是趋势不明显。

4 结论与讨论

（1）基于像元水平的植被覆盖的变化趋势时空分析表明，近22年来，贵州地区植被覆盖变化总体呈增加趋势，自东南向西北递减，与该地区降水量分布基本一致。变化程度呈增加的区域高于呈减少的区域，增减幅度在空间上存在明显的区域分布。

（2）与20世纪80年代相比（表1），21世纪初贵州地区无变化地区面积为9 744km²，占植被总面积的39.9%；NDVI增加的面积为9 800km²，其中显著增加的面积占24%；NDVI减少的面积为6 120km²，其中显著减少的面积占20.9%。20世纪90年代与20世纪80年代相比，无变化地区面积为10 744km²，占植被总面积的44%；NDVI增加的面积为5 984km²，其中显著增加的面积占16.4%；NDVI减少的面积为7 832km²，其中显著减少的面积占18.5%。

（3）研究区以自然植被为主，约占88%，农业植被仅占12%。22年来，贵州的6种植被类型中有3种表现为被动上升趋势。（单）双季稻连作喜凉旱作或一年三熟旱作和亚热带常绿经济林（24类）增加趋势最显著；一年生水旱两熟粮作和亚热带常绿、落叶经济林、果树园针叶林（23类）次之；草原和稀树灌木草原（15类）、针叶类（11类）、阔叶林（12类）表现下降趋势，但是趋势不明显。

参考文献

[1] 梅安新，彭望禄，秦其明，等.遥感导论 [M].北京：高等教育出版社，2001.

[2] 陈云浩，李晓兵，史培军，等.北京海淀区植被覆盖的遥感动态研究 [J].植物生态，2001，25（5）：588-593.

[3] 王德炉，朱守谦，黄宝龙.贵州喀斯特区石漠化过程中植被特征的变化 [J].南京林业大学学报（自然科学版），2003，27（3）：26-30.

[4] 屠玉麟.贵州喀斯特生态环境类型划分研究 [J].贵州科学，2000，18（1-2）：139-143.

[5] 周忠发，黄路迦，肖丹.贵州高原喀斯特石漠化遥感调查研究-以贵州省清镇市为例 [J].贵州地质，2001，18（2）：93-98.

[6] 贺秋华，张丹，陈朝猛，等.GIS支持下的黔中地区生态环境敏感性评估 [J].生态学杂志，2007，26（3）：413-417.

[7] 吴克华，车家骧，苏维词，等.基于GIS的贵州省县域经济发展环境约束研究 [J].地理与地理信息科学，2008，24（2）：57-60.

[8] HOLBEN, B. N. Characteristics of maximum-value composite images for temporal AVHRR data [J]. International Journal of Remote Sensing, 1986, 7 (11): 1417-1434.

[9] MICAEL C. R. Is Northern China winning the battle against desertification? - Satellite remote sensing as a tool to study biomass trends on the Ordoas Plateau in Semiarid China [J]. AMBIO, 2000, 29 (8): 468-476.

[10] 郭建坤，黄国满.1998—2003年内蒙古地区土地覆被动态变化分析 [J].资源科学，2005，27（6）：84-89.

[11] HOU XUEYU. The Vegetation Map of the People's Repuiblic of China [M]. Beijing: Sino Maps Press, 1979.

第二节 耕地面积监测

通过获取农田区域的图像数据来精确地测量农田面积。这种方法比传统模仿测算更为准确，能够帮助农业管理者管理农田土地，并且有效地防止资源的浪费。

[耕地面积提取应用举例]

基于 Landsat 8 OLI 数据的山东省耕地信息提取研究

0 引言

耕地是人类生存必不可少的基本资源，近年来，随着中国人口的增加和国民经济的发展，耕地面积一直呈现逐步减少的趋势，给农业发展和人民基本生活带来了威胁。耕地作为重要的农业资源，对耕地进行切实保护的主要内容是动态监测耕地的变化，防止耕地的质量退化，维持耕地总量动态平衡。

在当前市场经济条件下，利用遥感技术能够及时、准确地获取区域作物种植空间、面积等信息，对于准确估计和掌握农作物产量的动态变化具有重要的意义[1-2]。由于耕地资源具有极强的动态性，其空间分布、数量和质量呈现出随时间推移而不断变化的特征，对于大面积实时和现势的耕地资源信息，用常规的野外调查技术很难获取。如何利用经济可行的遥感技术快速准确地提取耕地已成为研究的热点和难点。耕地信息提取是遥感专题信息提取的难点之一[3-4]。目前许多研究采用了 QuickBird[5-6]、SPOT[7] 等高分辨率数据[8]提取耕地信息，这些数据具有高空间分辨率，但是这些数据的价格贵、时间分辨率低，多用于小空间尺度的研究。适用于大尺度范围农作物信息提取研究的 NOAA AVHRR[9]、MODIS[10-11]等具有低空间分辨率、高时间分辨率的遥感影像又很难保证提取结果的准确性[12]。高分辨率的遥感影像可以精确地提取耕地信息，但是其覆盖面积小，遥感解译的时候工作量大，费时费力，并且重访周期长，不能及时监测；低分辨率遥感影像具有覆盖面积大、重访周期短的优点，但是精度低，容易导致提取信息的不准确。中等分辨率 TM[13-14]、ETM+[15]影像在耕地信息提取方面也被广大学者所采用，但是由于 Landsat 7 号星的扫描行校正器在 2003 年发生故障使其实用价值降低，Landsat 5 号星在 2012 年宣布退役，从而造成 Landsat 40 年的连续对地观测出现中断。

笔者在前人研究基础上，以山东省为研究区域，对 Landsat 8 OLI 影像进行了处理和分析，并提取了山东省的耕地信息，旨在探讨 Landsat 8 OLI 影像在耕地信息提取方面的可行性，为了解该影像的应用潜力提供一些信息。

1 研究区概况

山东省地处中国东部、黄河下游，位于北半球中纬度地带，自北向南依次与河北、河南、安徽、江苏四省接壤，是中国主要沿海省市之一（北纬 34°22′~38°23′、东经 114°19′~122°43′）。山东省属于温带季风气候，降水集中，雨热同期，春秋短暂，冬夏较长。主要农作物有冬小麦、玉米、大豆和花生等。

2 数据的准备

2.1 Landsat 8 OLI 数据简介

2013 年 2 月 11 日，Landsat 8 卫星成功发射于美国加州[16]，3 月 18 日，Landsat 8 获得了第一幅遥感影像，并于 29 日作为样本数据供用户下载[17]。

Landsat 8 卫星的轨道高度为 705km，绕地球飞行的近极点太阳同步轨道倾角为 98.2°，绕地球一圈需要 98.9min，覆盖地球一遍需要 16d，降交点时间为当地时间 10：00—10：15，卫星数据下行速率为 441Mbps。

卫星携带了两种成像仪：OLI（Operational Land Imager）陆地成像仪和 TIRS（Thermal Infrared Sensor）推扫式成像仪。其中 OLI 成像仪有 9 个短波谱段，幅宽为 185km，全色波段的地面分辨率为 15m，其他波段的地面分辨率为 30m。与 Landsat 7 上的 ETM 传感器相比，OLI 陆地成像仪做了以下调整：OLI Band 5（0.845~0.885μm）排除了 0.825μm 处水汽吸收特征；OLI 全色波段 Band 8

范围收窄，这种方式可以在全色图像上更好区分植被和无植被特征。此外，还新增加了用于海岸带观测的蓝色波段（Band 1：0.433～0.453μm）和用于云检测的短波红外波段（Band 9：1.360～1.390μm），具体见表1。

表1 Landsat 8 星载 OLI 的技术参数

波段号	1	2	3	4	5	6	7	8	9
波段	深蓝	蓝	绿	红	近红外	短波红外	短波红外	全色	卷云
波长/μm	0.43～0.45	0.45～0.51	0.53～0.59	0.64～0.67	0.85～0.88	1.57～1.65	2.11～2.29	0.50～0.68	1.36～1.38
空间分辨率/m	30	30	30	30	30	30	30	15	30
辐射分辨率/bit	12	12	12	12	12	12	12	12	12

2.2 波段选择

各土地利用类型信息的提取与地表植被的覆盖状况有很大关系，不同的利用类型有其特有的植被覆盖特征，因此波段选择应选定对绿色植被有较好反映的波段。

根据作物种植面积提取的需要，为在影像上突出不同的作物系，应选择对作物信息比较敏感的波段。另外，根据最佳目视效果原则，参考国外公布的 OLI 波段合成的简单说明，对 Landsat 8 OLI 数据进行了不同波段目视效果的对比分析，结果表明，对于耕地信息的提取，效果较好的为5、4、3波段和6、5、2波段（表2）。

表2 Landsat 8 OLI 波段合成的简单说明

R、G、B	主要用途	R、G、B	主要用途
4、3、2	自然真彩色	5、6、2	健康植被
7、6、4	城市	5、6、4	陆地/水
5、4、3	标准假彩色，植被	7、5、3	移除大气影响的自然表面

（续表）

R、G、B	主要用途	R、G、B	主要用途
6、5、2	农业	7、5、4	短波红外
7、6、5	穿透大气层	6、5、4	植被分析

2.3　时相选取

选择适宜的时相，首先可以强化目标作物信息，其次可以提高与作物产量关系的显著性，第三可以弱化其他因子的干扰，从而降低遥感信息中的不确定性，在信息的处理和订正方面减小难度[18]。

耕地主要是种植农作物的土地，根据山东省农作物种植的物候特征及以往对研究区耕地各种农作物物候历的分析，认为依据冬小麦光谱信息进行耕地信息提取最为适宜，中国北方冬小麦生育期从上年9月至翌年6月，在此期间，绝大部分冬小麦种植区，有一个草木枯黄的时期。因此，提取耕地信息最适宜的时相是11月中旬到12月中旬和翌年3月上旬至4月上旬两个时间段。

本研究选取的是 Landsat 8 OLI（陆地成像仪）2014年3月的影像，该影像仍沿用 Landsat 系列数据的 UTM/WGS84 投影/坐标系，数据的处理格式为 Level 1T，即已进行了基于地形的几何校正。由于研究区的范围较大，全部覆盖整个山东地区需要12景影像。

2.4　Landsat 8 OLI 数据预处理

遥感影像预处理的主要目的是对图像中无关的信息进行消除，恢复可用的真实信息，最大限度地简化数据，增强可用信息的可检测性，从而改进特征识别，提高提取的可靠性[19]。

下载的 Landsat 8 是一级产品，数据格式为经典的 TIFF 格式，其中包括11个波段和影像文件、一个质量评估文件和一个 TXT 格式的元数据，质量评估文件主要包括传感器的运行环境参数，元数据包含拍摄时间、太阳高度角、经纬度等信息。本研究首先对 Landsat 8 OLI 数据进行几何校正，经过波段合成得到合成数据，其次对山东地区的12景影像镶嵌得到覆盖山东地区的完整影像图，通过裁剪获得研究区影像，最后将合成的数据与全色波段数据融合，获取空间分辨率为 15m 的影像。

3　Landsat 8 OLI 遥感影像的增强处理

3.1　波段合成

波段组合不仅可以扩展地物波段的差异性，表现差异显示的动态范围，还可以扩展肉眼观察的可视性，提高地物的可判读性，使判读结果更为科学合理。耕地信息提取与地面覆盖特征有很大的关系，考虑绿色植物的光谱特性，本研究遥感影像选择 Landsat 8 OLI 5、4、3（R、G、B）波段合成的图像类似于彩色红外图像，是一种标准假彩色图像，它的地物丰富、鲜明、层次好，可用于植被分类、识别，植被显示红色。Landsat 8 OLI 6、5、2（R、G、B）波段合成的图像适用于农业，植被类型较丰富，对裸地信息进行增强，可以与有作物的耕地区分。合成后的影像分别如图 1、图 2 所示（以 LC81210342014073LGN00 图幅影像为例）。

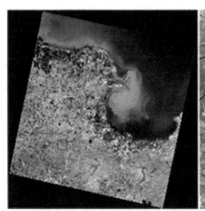

图 1　Landsat 8 OLI 543 波段合成影像图（左）和合成影像局部图（右）

3.2　反差增强

本研究采用 ENVI 软件进行遥感影像的处理，ENVI 软件系统内部在打开遥感影像时自动进行了 2% 的线性拉伸，经过拉伸处理

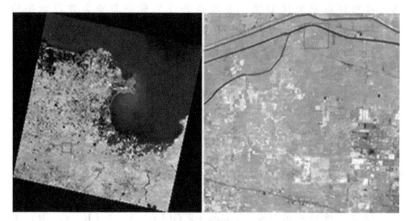

图2 Landsat 8 OLI 652 波段合成影像图（左）和合成影像局部图（右）

后，遥感影像合成的假彩色图像加大了地物差异，层次更加分明，更易于识别耕地信息。

3.3 图像融合

对影像进行融合增强处理可以使图像的目视效果达到最佳，方便正确提取耕地信息。由于 Landsat 8 OLI 数据中全色波段 Band 8 的空间分辨率是15m，其余波段空间分辨率是30m，为了能够使两者进行融合，在融合前，必须将空间分辨率30m的影像重采样成空间分辨率为15m的影像后再进行影像的融合。影像融合后的图像如图3、图4所示（以 LC81210342014073LGN00 图幅影像为例）。

4 耕地信息的提取

4.1 目视解译

Landsat 8 OLI 数据为中等分辨率影像，进行数据融合后，影像的空间分辨率达到了15m，能够看清很多影像上显示的地物外廓，通过解译标志和地理知识，结合资源信息专题类型提取标志，直接在影像图上对各种体表特征进行识别和分类解译，在屏幕上进行地物勾画，取得耕地的矢量图。目视解译的方法有着较高的精度，但是浪费了大量的时间和人力。

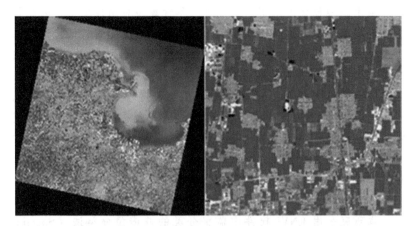

图 3 Landsat 8 OLI 543 波段合成数据与 Band 8 全色波段融合后图像（左）和融合后图像局部图（右）

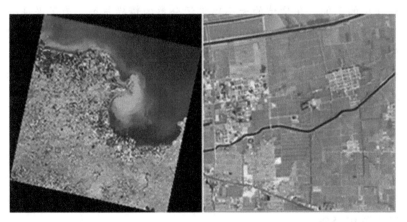

图 4 Landsat 8 OLI 652 波段合成数据与 Band 8 全色波段融合后图像（左）和融合后图像局部图（右）

4.2 非监督分类

根据目视解译的初步判断将地物分为耕地、林地、裸地、水体、居民地、道路用地、未利用地和其他 8 类。在实际的分类过程中，由于耕地包含了水田、水浇地、旱地等多种用地类型，因此影像上表现为麦田、裸露沙地以及水稻田等不同的光谱特征，适宜采用人机交互式的非监督分类，设置较大数目的分类类别，对得到的分类结果对比相应的土地详查变更土地利用现状图进行逐步分类，同类的进行合并，减少分类类别，直至获得理想的分类结果[20]。本研究采用了 ENVI 非监督分类 ISODATA（重复自组织数据分析技术）法，ISODATA 法先对数据空间中均匀分布的类均值计算，然后用最小距离技术迭代聚合剩余像元，均值在每次迭代时都重要新计算，并由所得的新均值对像元再分类。

4.3   监督分类

本研究采用 ENVI 软件中监督分类的波谱角分类法（Spectral Angle Mapper-SAM）。波谱角分类法以物理学为基础，通过对终端光谱向量和像元的矢量在 n 维空间中的角度进行比较，把像元分配到相应的区间，角度值的大小决定了分类的精确与否。为了保证分类的精度，在选取样本前，先对 Landsat 8 OLI 数据的波段合成图像进行了投影变化、几何校正、特征变换、光谱增强等处理，并结合耕地的光谱特征进行训练样区选择，并且训练样区的选择在目标地物面积较大的中心选取。

5   精度评价

5.1   面积精度检验

利用 ENVI 软件提供的 Statistic（统计）工具，计算得出山东地区耕地所占的像元总数，与每个像元所代表的实地面积相乘，最终提取的得到耕地面积是 6 894 878.86hm^2，与详查数据相比，精度达到 91.8%。

5.2   空间精度检验

利用 ENVI 提供的 Classes Overlay 功能，将得到的耕地分布图分别覆盖在 Band 5、Band 4、Band 3 得到的假彩色图像和 Band 6、Band 5、Band 2 得到的图像上，再与土地利用现状图相对照，发现提取得到的耕地分布与遥感影像显示的耕地信息基本吻合。

6　结论

Landsat 8 OLI 数据延续了 Landsat 系列的长时期对地观测能力，且观测性能有所优化，是生态环境监测的重要遥感信息源。基于 Landsat 8 OLI 数据，通过目视解译、监督分类和非监督分类方法交互式的分类方法能取得良好效果。在耕地信息提取过程中，通过对 Landsat 8 OLI 数据 Band 5、Band 4、Band 3 合成得到的假彩色和由 Band 6、Band 5、Band 2 合成的专门适用农业的图像结合起来对比提取耕地信息，能提高分类的精度。

所以，基于 Landsat 8 OLI 数据进行市区级耕地信息的提取具有可行性，并且提取速度快、结果准确，可以满足耕地利用及管理中对耕地信息适时获取的要求。

7　讨论

利用遥感手段进行耕地面积提取，有着不可替代的优势。用遥感技术调查耕地面积省时省力，不仅可以为决策者提供比较准确的耕地面积，方便相应政策的制定，还能为作物估产提供较为精确的基础数据，具有较高的经济效益和社会效益。

本研究仅利用 Landsat 8 OLI 数据对山东区域进行了探讨，可以看出 Landsat 8 OLI 数据延续了 Landsat 系列的长时期对地观测能力，且性能有所优化，可以推广应用到南方水田等其他区域的研究，但其结果精度还需要进行验证分析。

本研究对耕地的遥感提取方法，是将所研究的区域看成一个整体对其进行监测，这种方法适用于耕地大范围分布且多为平原的地区，监测精度高，但是对于地形复杂或耕地破碎度高的地区不适用。对于后一种地区进行深入研究又十分必要，可以考虑结合高分辨率遥感影像提高地形复杂或耕地破碎度高地区的耕地面积提取精度，综合应用多源、多时相遥感数据，采用数据融合技术提高遥感图像的时间和空间分辨率。

笔者对监测结果采用了统计数据进行验证，虽然精度高，但是缺乏对研究区的实地取样调查，在以后的工作中，建议在研究区选取典型样区，实地测量，并保证样区达到一定数量，这样对耕地信息遥感监测结果的验证会更加精确，在一定程度上也会提高遥感信息的提取精度。

参考文献

［1］ QUARMBY N A, MILNES M, HINDLE T L, et al. The use of multi-temporal NDVI measurements from AVHRR data for crop yieldestimation and prediction ［J］. Internation journal of remote sensing, 1993, 14 （2）: 199-210.

［2］ FULU T, MASAYUKI Y, ZHAO Z, et al. Remote sensing of crop production in China by production efficiency models: models comparisons, estimates and uncertainties ［J］. Ecological Modelling, 2005, 183 （4）: 385-396.

［3］ 邓劲松, 王珂, 沈掌泉, 等. 基于特征波段的SPOT-5卫星影像耕地信息自动提取的方法研究 ［J］. 农业工程学报, 2004, 20 （6）: 145-148.

［4］ VICTOR M. The use of census dat a in urban imagine classif ication ［J］. Photogrammetric Engineering & Remote Sensing, 1998, 64 （5）: 431-438.

［5］ 李奕, 高雅萍, 高尧. 基于QuickBird数据的信息提取方法研究——以耕地提取为例 ［J］. 广东农业科学, 2011 （17）: 144-146.

［6］ 舒炜, 邓小菲. 基于QuickBird影像耕地信息提取方法研究——以绵阳市游仙区为例 ［J］. 绵阳师范学院学报, 2008, 27 （11）: 115-120.

［7］ 郑长春, 王秀珍, 黄敬峰. 基于特征波段的SPOT-5卫星影像水稻面积信息自动提取的方法研究 ［J］, 遥感技术与应用, 2008, 23 （3）: 294-299.

［8］ 胡潭高, 朱文泉, 阳小琼, 等. 高分辨率遥感图像耕地地块提取方法研究 ［J］, 光谱学与光谱分析, 2009, 29 （10）: 2703-2707.

［9］ MOULIN S, KERGOAT L, VIOVY N, et al. Global scale assessment of vegetation phenology using NOAA/AVHRR satellite measurements [J]. Journal of Climate, 1997, 10 (6): 1154-1170.

[10] 吕婷婷, 刘闯. 基于 MODIS 数据的泰国耕地信息提取 [J]. 农业工程学报, 2010, 26 (2): 244-250.

[11] 左丽君, 董婷婷, 汪潇, 等. 基于 MODIS/EVI 的中国北方耕地复种指数提取 [J]. 农业工程学报, 2009, 25 (8): 141-146.

[12] TOMITA A, INOUE Y, OGAWA S, et al. Vegetation patterns in the Chao Phraya Delta, 1997 dry season using satellite image data [C] // Proceedings of the international conference: The Chao Phraya Delta: Historical development, dynamics and challenges of Thailand rice boel. Thailand, 2000.

[13] 徐超, 詹金瑞, 潘耀忠, 等. 基于多时相 TM 图像的耕地信息提取 [J]. 国土资源遥感, 2013, 25 (4): 166-173.

[14] 王国芳. 基于 TM 数据耕地面积提取方法研究 [J]. 山西农业科学, 2011, 39 (4): 374-375, 378.

[15] 董士伟, 李宪海, 李红, 等. 基于多尺度分形特征的 ETM+ 影像耕地提取 [J]. 农业工程学报, 2011, 27 (2): 213-218.

[16] NASA. LDCM Launch [EB/OL]. http://www.nass.gov/mission_pages/landsat/launch/index.html, 2013-4-18.

[17] NASA. A Closer Look at LDCM's First Scene [EB/OL]. http://www.nasa.gov/mission_pageslandsat/news/first - images - feature.html, 2013-4-18.

[18] 千怀遂. 农作物遥感估产最佳时相的选择研究: 以中国主要粮食作物为例 [J]. 生态学报, 1998, 18 (1): 48-55.

[19] 王玉丽, 马震. 应用 ENVI 软件目视解译 TM 影像土地利用分类 [J]. 现代测绘, 2011, 34 (1): 11-13.

[20] 赵庚星, 窦益湘, 田文新, 等. 卫星遥感影像中耕地信息的自动提取方法研究 [J]. 地理科学, 2001, 21 (4): 224-229.

第三节　农作物生长状态监测

作物遥感可以实现大规模的农作物的自动识别和空间分布,

作物生长状态监测和预测，以及作物生产力评估。通过监测植被的生长状态，可以顺时跟踪农作物的生长状况，以获得作物的健康状况和生产潜力等信息，为农业决策和土地利用管理提供支持。

通过分析遥感影像和数据，可以获取作物的生长状态、发育情况和产量预测等参数，从而帮助农民及时调整管理措施，如合理施肥、灌溉等，提高作物生产效益。

[应用举例]

基于时序 Sentinel-2 影像的冬小麦种植面积早期制图及关键生育期长势监测研究

0 引言

冬小麦是中国第二大粮食作物，也是世界主要粮食作物，在我国具有悠久的栽培历史，是我们生活中不可或缺的重要粮食，对于中国人的饮食习惯有着深远的影响[1]。农作物种植面积提取是产量遥感估算的基础环节和基本要素[2]，准确、及时掌握其种植面积是国家指定粮食政策和经济计划的重要依据[3-4]，长势分析可为农业部门提供准确的作物状态信息，以便及时制定水、肥等栽培管理措施，保障小麦常量，提高农民收入[5]。

传统小麦种植面积主要是通过抽样调查和统计报表[6]的方式获取，这种方式耗费大量的人力物力[7]，既不能保证数据的客观性，也难以体现小麦种植的时空分布规律。遥感技术的发展为农作物种植面积识别提供了丰富的数据源，与传统方法相比，遥感具有实时、迅速、范围广等特点[8]，具有不可替代的优势。国内外许多学者都围绕农作物的种植面积的提取和长势监测开展了一些研究，并且取得了显著的成果。

在冬小麦面积提取方面，张建国[9]等基于 Landsat ETM+遥感影像，利用面向对象的分类方法提取山东省桓台县冬小麦种植面积，整个研究区的提取误差是 $-111hm^2$，能够满足实际应用的需求。范磊[10]等利用多尺度分割思想对冬小麦种植面积进行提取，监测结果减轻了传统分类方法的椒盐效应，监测结果与验证样方数据比较精度为 94.06%。欧阳玲[11]等以黑龙江省北安市以研究区，以 Landsat 8 OLI 和多时相 GF-1 为遥感数据源，基于物候信息和光谱特征确定的农作物识别关键时期和特征参数，构建面向对象的决策树分类模型，作物分类效果较好，总体精度达 87.54%，Kappa 系数为 0.811 5。王红营等[12]基于 MODIS-NDVI 数据集，通过 HANTS 滤波重构 NDVI 物候曲线，并采用 CART 算法实现华北平原 2000—2013 年冬小麦面积提取，并为该地区农业结构优化和资源合理利用提供科学支撑。在冬小麦长势方面，谭昌伟[13]等以 HJ-1A/1B 数据为数据源，研究了返青期冬小麦主要生长指标、籽粒品质参数和产量间及其与遥感变量间的定量关系，结果表明，返青期，归一化植被指数、比值植被指数、蓝光波段反射率和 RVI 可分别作为监测冬小麦叶面积指数、生物量、SPAD 和叶片氮含量的敏感变量，所构建的遥感监测模型可靠且精度较高。林芬等[14]以山东省滨州市、东营市为研究区，以 SPSS 聚类分析法估测滨州市冬小麦长势，用距离加权法构建相邻轨道图像的植被长势分级模型并估测东营市的冬小麦长势。此外，潘学鹏等[15]、Genovese 等[16]、黄青等[17]基于 MODIS 数据，构建 NDVI 差值模型，实现了西班牙和中国陕西、甘肃的冬小麦长势实时监测。

由此可见，遥感技术在大面积农作物面积和长势监测应用方面的研究，主要集中应用低空间分辨率的 MODIS 数据[18-19]和中等分辨率的 TM[20-22]数据、国产 HJ-1A/1B [23-24]数据，但由于重访周期限制以及空间分辨率较低的原因特点，一定程度上影响了其在田块尺度精准农业发展中的价值，而且由于卫星固定过境时间的不确定因素（如多云或阴天等天气条件）造成的数据质量问题，往往会导致研究区关键物候期数据匮乏[25]，在作物长势监测方面，存在空间分辨率较低会产生大量混合像元的问题。无人机遥感技术在田块尺度精准农业中，主要集中在作物生物量、LAI和氮素等参数的遥感反演[26]，但无人机遥感监测面积少。

目前，利用高时间分辨率、高空间分辨率和高光谱数据来提取农作物的种植面积，是当前农业遥感领域研究的热点问题[27]。本研究以冬小麦为研究对象，以山东省德州市为研究区域，以哨兵2号（Sentinel-2B）卫星数据为遥感数据源，小麦关键生育期为时间窗口，研究如何快速高效地提取冬小麦的种植面积，并分析其空间分布信息，在此基础上，构建基于Sentinel-2B卫星数据的冬小麦NDVI长势参数遥感估算，并进行精度验证与空间反演，希望为冬小麦高产、优质及农艺肥水处方决策提供全局性信息和理论支撑。

1 材料与方法

1.1 研究区与数据源

1.1.1 研究区概况

德州市是山东省辖地级市，地处中国华东地区、山东省西北部、黄河下游北侧冲积平原（北纬36°24′25″~38°0′32″、东经115°45′~117°36′）。气候受季风影响显著，四季分明、冷热干湿界限明显，具有显著的大陆性气候特征。光照资源丰富。日照时数长，光照强度大；年平均降水量为547.5mm，东部多于西部，南部多于北部。农作物以粮食作物为主，包括冬小麦、玉米、豆类和薯类等。

1.1.2 数据源

哨兵2号是欧洲航空局的高分辨率多光谱成像卫星，地面分辨率可达到10m，重访周期为5d。较高的空间分辨率和时间分辨率不仅减少了混合像元对冬小麦播种面积提取的影响，也为冬小麦长势进行持续跟踪提供了条件。

根据山东作物物候历和冬小麦年际生育期实际特点，遥感影像数据获取日期选择每年10月上旬至翌年5月下旬的时间范围。下载的 Sentinel-2 数据是经过大气层底层反射率（BOA）正射校正后的 L2A 级数据，图像清晰，具有更高的亮度和对比度，更接近真实影像。数据预处理主要包括辐射定标、正射校正、大气纠正、转换为 ENVI 标准格式、波段合成、数据镶嵌、数据裁剪等处理，最终得到覆盖研究区德州市的完整影像图。

Sentinel-2 影像共有 13 个波段，影像信息比较丰富，但单一波段的表现信息能力有限，合理地利用多波段组合对于地物识别、农作物种植面积提取工作至关重要（表 1）。

表 1 哨兵 2 号（Sentinel-2）技术参数

波段	描述	中心波长/nm	空间分辨率/m	波长/nm	带宽/nm
B1	超蓝（沿海气溶胶）	443	60	433~453	45
B2	蓝	490	10	458~523	98
B3	绿	560	10	543~578	46
B4	红	665	10	650~680	39
B5	可见光和近红外、植被红边	705	20	698~713	20
B6	可见光和近红外、植被红边	740	20	733~748	18
B7	可见光和近红外、植被红边	783	20	773~793	28
B8	可见光和近红外、近红外	842	10	785~900	133
B8a	可见光和近红外、植被红边	865	20	785~900	32
B9	短波红外、水蒸气	940	60	935~955	27
B10	短波红外-卷云	1 375	60	1 360~1 390	76
B11	短波红外	1 610	20	1 565~1 655	141
B12	短波红外	2 190	20	2 100~2 280	238

注：本文数据来自于欧空局官网的数据共享网站（https：//scihub. copernicus. eu/dhus/#/home）。

根据冬小麦种植面积提取的需要和最佳目视解译效果原则，我们参考目前通用的 Sentinel-2 波段合成的简单说明（表 2），选择合适的波段组合影像。

表 2　哨兵 2 号（Sentinel-2）波段合成的简单说明

RGB	主要用途	RGB	主要用途
B4 B3 B2	自然真彩色	B12 B8 B4	短波红外
B8 B4 B3	标准假彩色	B11 B8 B2	农业
B4 B3 B1	水深测量	B12 B11 B2	地质波段
（B8-B4）／（B8+B4）	植被指数	（B8a-B11）／（B8a+B11）	水分指数

本研究先将多个不同波段组合影像对比分析，选出适合进行目视解译的最佳波段组合影像图（图 1）。

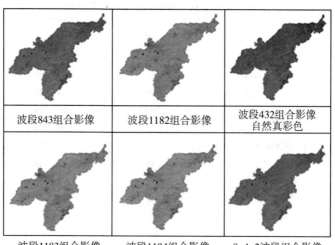

图 1　不同波段组合影像

1.1.3　样本数据及验证数据

根据 2022 年合成影像的各类地物不同的纹理信息，结合天地图·山东（sdmap. gov. cn）中的高分辨率影像，在研究区域内随机选择一定数量的样本点，样本点包括冬小麦和非冬小麦样本点，非冬小麦样本点包括水体、建筑物、其他植被，样本点选择依据如表 3 所示。要求样本数据分布均匀，覆盖全市范围。

表 3 样本选取依据

地物类型	天地图影像	假彩色影像	解译特征
冬小麦			几何形状明显，边界清晰，田块较大，有渠道灌溉设施，多呈大面积分布；在假彩色影像上表现为红色，真彩色影像为深绿色、浅蓝色；影像纹理较为均一
其他耕地			几何形状明显，边界清晰，田块较大，有渠道灌溉设施，多呈大面积分布；影像色调多样，浅灰色或灰色；影像结构粗糙

（续表）

地物类型	天地图影像	假彩色影像	解译特征
城市及居民地			几何形状特征明显，边界清晰，影像结构粗糙；青灰色、青色或杂色或栅格状斑点；杂有白色、杂有其他地类色调
水体			几何特征明显，自然弯曲或局部明显平直，边界明显；深蓝色、蓝、浅蓝色

（续表）

地物类型	天地图影像	假彩色影像	解译特征
林地（枣树）			几何特征明显，边界规则呈块状，不规则面状，边界清晰，呈红色、浅红色，影像结构细腻
裸地			边界清楚，呈白色或色调不均，纹理比较均一

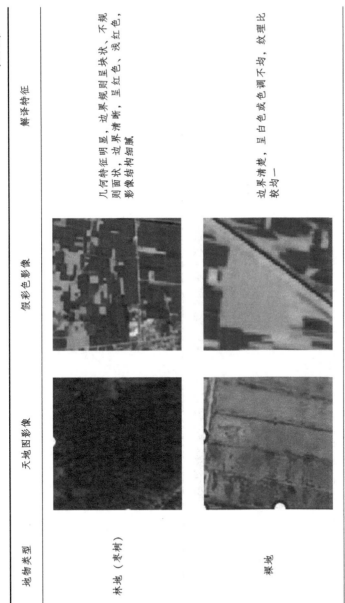

（续表）

地物类型	天地图影像	假彩色影像	解译特征
湖泊			几何特征明显，呈现自然形态；深蓝色、蓝、浅蓝色

1.2　研究方法

1.2.1　冬小麦种植面积提取方法

本研究采用计算机自动分类（监督分类）提取研究区冬小麦种植面积，监督分类将样本分为小麦、林地、水体、建筑、道路及其他作物五大类。在解译的过程中，为了进一步提高分类精度，后期与组合影像目视解译，及时修订错分的地物，从而实现作物面积提取精度。

1.2.2　冬小麦长势监测方法

在植被遥感中，归一化植被指数 NDVI 是目前应用最为广泛的植被生长状态监测的最佳指示因子，公式如下：

$$NDVI = （\rho_{NIR} - \rho_{RED}）/（\rho_{NIR} + \rho_{RED}） \tag{1}$$

式中，ρ_{NIR} 和 ρ_{RED} 对应 Sentinel-2 波段的近红外波段 Band4 和红光波段 Band8 的反射率。

本研究主要采用差值监测模型[28-30]实现德州市冬小麦长势动态识别。通过 1.2.1 方法获得研究区冬小麦播种面积后，将研究区冬小麦种植区域生成掩膜。先计算 2019—2021 年德州关键生育期冬小麦的 NDVI 年平均值，然后通过差值监测模型，计算 2022 年冬小麦种植区域当期每个像元与近 3 年 NDVI 均值的差值。公式如下：

$$R_{NDVI} = I_{NDVI} - I_{NDVIage} \tag{2}$$

式中，R_{NDVI} 为作物长势的 NDVI 差值指数，I_{NDVI} 为某年某期某像元的 NDVI 指数值，$I_{NDVIage}$ 为同期研究区某像元近 3 年的 NDVI 平均值。

NDVI 差值模型中，常根据差值将作物长势划分为 5 个等级[31]：较常年差、较常年稍差、与常年持平、较常年稍好、较常年好（表4）。

表 4　德州冬小麦的 NDVI 差值等级划分

NDVI	<-0.25	-0.25~-0.15	-0.15~-0.15	0.15~0.25	>0.25
长势等级	较常年差	较常年稍差	与常年持平	较常年较好	较常年好

1.2.3　精度验证

获得研究区冬小麦播种面积后，结合研究区域范围，将选取的样本数据按照 4∶1 的比例进行分配，在样本数据中随机选取 80% 的样本数据作为训练数据，剩下的 20% 的样本数据作为验证数据用来验证分类的精度。本研究在对影像分类后使用混淆矩阵对验证数据的识别结果进行检验，计算总体分类精度（OA）、kappa 系数以及冬小麦的分类精度（W）。空间分布精度检验利用 GPS 采样点制成的点图层与冬小麦空间分布图和校正后的 Sentinel-2 遥感影像进行叠加，结果表明冬小麦空间分布与 Sentinel-2 遥感影像所显示的基本一致。

2　结果与分析

2.1　面积监测结果

本研究通过计算机监督分类和目视解译结合方法提取研究区 2022 年的冬小麦播种面积，提取结果如图 2 所示。利用分类后提取的冬小麦种植面积统计其所占的像元数，乘以每一像元所代表的实地面积，得到 2022 年德州市冬小麦遥感监测面积为 54.41 万 hm²，占全省冬小麦面积的 13.43%，总体样本中随机选取 20% 用于验证样本，利用验证样本对模型进行自检验，并构建误差矩阵得到各地市精度，各地市冬小麦用户精度、生产者精度、总体精度均优于 90%，具体如表 5 所示。

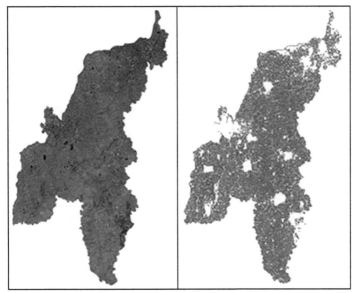

8-4-3波段组合标准假彩色　　　　　小麦面积分布图

图 2　德州市遥感影像图与冬小麦面积提取结果分布图对比

表 5　德州市冬小麦识别精度统计

地市名称	类别	生产者精度	用户精度	总体精度	kappa 系数
德州市	冬小麦	96.14%	98.03%	97.05%	0.941 0
	其他	97.99%	96.07%	97.05%	0.941 0

2.2　长势监测结果

本研究所使用的方法对德州冬小麦的播种面积提取精度较高，提取结果可靠，所以将德州 2022 年的冬小麦种植面积分布应用归一化植被指数同期比值方法与常年（前三年）同期平均值进行对比，统计 NDVI 变化的像元个数（图 3）。

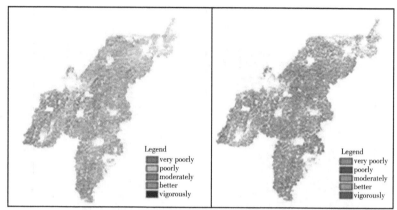

2022年与2019—2021年均值　　　　2022年与2019—2021年均值
返青期NDVI差值　　　　　　　　　　拔节期NDVI差值

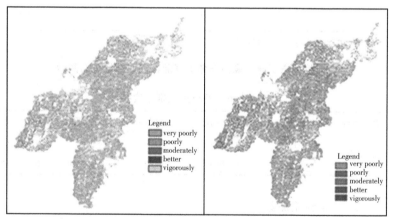

2022年与2019—2021年均值　　　　2022年与2019—2021年均值
抽穗期NDVI差值　　　　　　　　　　成熟期NDVI差值

图3　与常年（前三年平均）相比研究区关键生育期的冬小麦长势分布

采用年同期长势监测，分别选取 2022 年返青期、拔节期、抽穗期、成熟期 4 个生长关键时期 Sentinel-2 影像进行长势监测。使

表 6 冬小麦长势分类表

长势分类	返青期		拔节期		抽穗期		成熟期	
	面积/hm²	比例/%	面积/hm²	比例/%	面积/hm²	比例/%	面积/hm²	比例/%
比常年差	283 657.03	33.19	122 751.39	14.36	133 068.59	15.57	337 925.18	39.54
比常年稍差	334 785.39	39.18	261 827.2	30.64	474 121.69	55.48	355 013.01	41.54
与常年持平	235 729.38	27.59	453 882.59	53.11	229 964.84	26.91	157 295.88	18.41
比常年稍好	360.92	0.04	10 897.26	1.28	9 389.25	1.10	3 430.15	0.40
比常年好	17.42	0.00	5 191.7	0.61	8 005.74	0.94	885.4	0.10

用 2019—2021 年同期数据做本底值，进行差值比较。

从图 3 和表 6 可以看出，与前三年相比，在返青期 27.59% 的冬小麦长势与前三年的平均值持平，主要分布在宁津县、夏津县、临邑县，0.04% 的冬小麦长势好或稍好于前三年的平均值，33.19% 的冬小麦长势比前三年的平均值差，主要分布在武城县、平原县、陵城区、齐河县，39.18% 的冬小麦长势比前三年的平均值稍差，主要分布在武城县西南部、乐陵市、禹城市；在拔节期，53.11% 的冬小麦长势与前三年的平均值持平，主要分布在宁津县、临邑县、夏津县，14.36% 的冬小麦长势比前三年平均值差，主要分在武城县北部、乐陵市南部、齐河县西部，30.64% 的冬小麦长势比前三年平均值稍差，主要分布在陵城区、乐陵市、武城县、禹城市、齐河县，1.89% 的冬小麦长势好或稍好于前三年平均值，在空间上主要分布在平原县中部和夏津县中北部；在抽穗期，26.91% 的冬小麦长势与前三年的平均值持平，主要分布在宁津县（大部）、夏津县中部、庆云县、平原县中部和东北部、乐陵市北部，15.57% 的冬小麦长势比前三年平均值差，主要分布在齐河县、禹城市、武城县、陵城区，55.48% 的冬小麦长势比前三年平均值稍差，主要分布在武城县、平原县、陵城区、临邑县、禹城市北部和西南部、乐陵市南部，2.04% 的冬小麦长势好或稍好于前三年平均值，在空间上主要分布在夏津县中部；在成熟期，18.41% 的冬小麦长势与前三年的平均值持平，主要分布在武城县中北部、夏津县中部，39.54% 的冬小麦长势比前三年平均值差，主要分布在平原县南部和北部、齐河县、禹城市南部和中部、乐陵市中南部、陵城区，41.54% 的冬小麦长势比前三年平均值稍差，主要分布在宁津县、武城县、临邑县、平原县中部和东部、禹城市北部、乐陵市西南部，0.5% 的冬小麦长势好或稍好于前三年平均值，在空间上主要分布夏津县西南部和中北部。

本研究的研究数据表明除了拔节期，返青期、抽穗期、成熟期，长势好的区域要少于冬小麦长势差的区域。

3　讨论与结论

本研究讨论了利用最佳时相期内的 Sentinel-2 遥感影像进行冬小麦面积提取，在利用计算机自动提取过程中辅助以目视解译，得到比较精确的冬小麦种植面积，总体分类精度在 97.05%，空间精度基本一致，达到了预期目标。在冬小麦生育期内，随着冬小麦生长状况和生长条件的改变，NDVI 值发生相应变化，利用 NDVI 的变化可以监测冬小麦的生长状况，进而监测冬小麦长势。研究选择了冬小麦的 4 个关键生育期（返青期、拔节期、抽穗期和成熟期）进行差值法比较，监测结果表明，拔节期的小麦长势要好于往年，其他生育期的小麦长势略差于往年。研究所使用的方法能够很好地对德州市 2022 年的冬小麦的空间分布信息进行快速提取并制图，并对 2022 年的冬小麦长势进行监测，但是由于农田生态系统的复杂性，影响冬小麦长势的因子有很多，而且很多因子是相互影响的，在研究的过程中，虽然不同年份冬小麦种植面积和种植区域较为一致，但也有较少的一部分发生了变化，本研究用了固定年份的冬小麦种植面积做统一处理，这在一定程度上会影响冬小麦同期长势监测的精度。另外，作物长势分析也是一项长期的、艰巨的任务，因此需要在更长时间跨度，综合分析多种生态因子，以提高长势监测的精度。本研究只单纯从遥感影响的角度分析小麦的长势，未考虑其他因素导致长势变化的原因，比如未将长势信息与气候因素结合分析，在以后的工作中，会增强并细化这部分的工作。

参考文献

[1] 李卫国，李正金，申双和，等.小麦估产研究现状及趋势分析 [J].江苏农业科学，2009，43（2）：1002-1302.

[2] 吴炳方，李强子.基于两个独立抽样框架的农作物种植面积遥感估算方法 [J].遥感学报，2004（6）：551-569.

[3] 蔡爱民，邵芸，李坤，等.冬小麦不同生长期雷达后向散射特征分

析与应用 [J]. 农业工程学报, 2010, 26 (7): 205-212.

[4] 朱长明, 骆剑承, 沈占锋, 等. 基于地块特征基元与多时相遥感数据的冬小麦播种面积快速提取 [J]. 农业工程学报, 2011, 27 (9): 94-99.

[5] 张军. 基于 MODIS 遥感数据的山东省济宁市冬小麦面积估算研究 [D]. 南京: 南京大学, 2012.

[6] 郝鹏宇, 唐华俊, 陈仲新, 等. 基于历史增强型植被指数时序的农作物类型早期识别 [J]. 农业工程学报, 2018, 34 (13): 179-186.

[7] 史舟, 梁宗正, 杨媛媛, 等. 农业遥感研究现状与展望 [J]. 农业机械学报, 2015, 46 (2): 247-260.

[8] 李瑶, 张立福, 黄长平, 等. 基于 MODIS 植被指数时间谱的太湖2001—2013 年蓝藻爆发监测 [J]. 光谱学与光谱分析, 2016, 36 (5): 1406-1411.

[9] 张建国, 李宪文, 吴延磊. 面向对象的冬小麦种植面积遥感估算研究 [J]. 农业工程学报, 2008, 24 (5): 156-160.

[10] 范磊, 程永正, 王来刚, 等. 基于多尺度分割的面向对象分类方法提取冬小麦种植面积 [J]. 中国农业资源与区划, 2010, 31 (6): 44-51.

[11] 欧阳玲, 毛德华, 王宗明, 等. 基于 GF-1 与 Landsat 8 OLI 影像的作物种植结构与产量分析 [J], 农业工程学报, 2017, 33 (11): 147-156.

[12] 王红营, 潘学鹏, 罗建美, 等. 基于遥感的华北平原农作物时空分布变化特征分析 [J]. 中国生态农业学报, 2015, 23 (9): 1199-1209.

[13] 谭昌伟, 杨昕, 罗明, 等. 冬小麦返青期主要生长指标的 HJ-1A/1B 遥感影像监测 [J]. 麦类作物学报, 2015, 35 (9): 1298-1305.

[14] 林芬, 赵庚星, 常春艳, 等. 基于相邻轨道图像的冬小麦面积提取及长势分析 [J]. 农业资源与环境学报, 2016, 33 (4): 384-389.

[15] 潘学鹏, 李改欣, 刘峰贵, 等. 华北平原冬小麦面积遥感提取及

时空变化研究 [J]. 中国生态农业学报, 2015, 23 (4): 497-505.

[16] GENOVESE G, VIGNOLLES C, NÈGRE T, et al. A methodology for a combined use of normalised difference vegetation index and CORINE land cover data for crop yield monitoring and forecasting. A case study on Spain [J]. Agronomie, EDP Sciences, 2001, 21 (1): 90-111.

[17] 黄青, 周清波, 王利民, 等. 基于遥感的冬小麦长势等级与气象因子相关性分析 [J]. 农业机械学报, 2014, 45 (12): 301-307.

[18] 苏伟, 朱德海, 苏鸣宇, 等. 基于时序 LAI 的地块尺度玉米长势监测方法 [J]. 资源科学, 2019, 41 (3): 601-611.

[19] BECKER-RESHEF I, VERMOTE E, LINDEMAN M, et al. A generalized regression-based model for forecasting winter wheat yields in Kansas and Ukraine using MODIS data [J]. Remote Sensing of Environment, 2010, 114 (6): 1312-1323.

[20] AGHIGHI H, AZADBAKHT M, ASHOURLOO D, et al. Machine learning regression techniques for the silage maize yield prediction using time-series images of Landsat 8 OLI [J]. IEEE Journal of Selected Topics in Applied Earth Observations and Remote Sensing, 2018, 11 (12): 4563-4577.

[21] 刘佳, 王利民, 姚保民, 等. 基于多时相 OLI 数据的宁夏大尺度水稻面积遥感估算 [J]. 农业工程学报, 2017, 33 (15): 200-209.

[22] LUCIANO A C D S, PICOLI M C A, ROCHA J V, et al. A generalized space-time OBIA classification scheme to map sugarcane areas at regional scale, using Landsat images time-series and the random forest algorithm [J]. International Journal of Applied Earth Observation and Geoinformation, 2019, 80: 127-136.

[23] 刘佳, 王利民, 杨福刚, 等. 基于 HJ 时间序列数据的农作物种植面积估算 [J]. 农业工程学报, 2015, 31 (3): 199-206.

[24] JIANG T, LIU X N, WU L. Method for mapping rice fields in complex landscape areas based on pre-trained convolutional neural network from HJ-1A/B data [J]. ISPRS International Journal of Geo-Information,

2018, 7 (11)：418.

[25] BERNI J A J, ZARCO-TEJADA P J, SUAREZ L, et al. Thermal and narrowband multispectral remote sensing for vegetation monitoring from an unmanned aerial vehicle [J]. IEEE Transactions on Geoscience and Remote Sensing, 2009, 47 (3)：722-738.

[26] 陶惠林, 徐良骥, 冯海宽, 等. 基于无人机高光谱长势指标的冬小麦长势监测 [J]. 农业机械学报, 2020, 51 (2)：180-191.

[27] 郑利娟. 基于高分一/六号卫星影像特征的农作物分类研究 [D]. 北京：中国科学院大学 (中国科学院遥感与数字地球研究所), 2017.

[28] 黄青, 周清波, 王利民, 等. 基于遥感的冬小麦长势等级与气象因子相关性分析 [J]. 农业机械学报, 2014, 45 (12)：301-307.

[29] 黄青, 唐华俊, 周清波, 等. 东北地区主要作物种植结构遥感提取及长势监测 [J]. 农业工程学报, 2010, 26 (9)：218-223.

[30] 权文婷, 周辉, 李红梅, 等. 基于S-G滤波的陕西关中地区冬小麦生育期遥感识别和长势监测 [J]. 中国农业气象, 2015, 36 (1)：93-99.

[31] 吴炳方, 张峰, 刘成林, 等. 农作物长势综合遥感监测方法 [J]. 遥感学报, 2004, 8 (6)：498-514.

第四节　农作物估产

　　遥感估产技术是通过对地观测卫星、航拍飞机或气象气球等其他飞行器对地面作物反射的光谱电磁辐射信息，进行收集、处理，并最后成像，进而进行探测、识别和分析的一种综合技术。这种估产手段具有大范围、快速度、短周期、海量信息的特点，实现了宏观、快速、准确、动态估产的需求，使农作物估产水平得到了质的飞跃发展。

　　遥感估产根据不同作物自身具有的波谱反射特征，利用遥感卫星所携带的传感器获得的光谱数据信息，结合不同的数据处理方法将遥感卫星收集的多光谱数据经线性或非线性处理形成能反映作物生长信息的植被指数，作为评价作物产量估算的标准。遥感估产有许多种分类方法，根据采用的研究方式的不同可以分为基于时间的作物遥感估产和基于空间的作物遥感估产。根据估产方法的不同可以分为直接估产和间接估产。如利用植被指数直接计算产量属于直接估产；利用不同的植被指数反演作物的叶面积指数（LAI）、计算生物量等得到作物生长信息，再经由生长信息、气象信息以及其他农学信息来进行作物产量的估算属于间接估产。遥感估产以其本身的技术优势和发展潜力，受到了政府的大力支持和科学界的不断探索，使这一领域的研究不断向前。

自"六五"开始，我国即试用卫星遥感进行农作物产量预报的研究，并在局部地区开展产量估算试验。"七五"期间，中国气象局于1987年开展了北方11省市小麦气象卫星综合测产，探索运用周期短、价格低的卫星进行农作物估产的新方法。

"八五"期间，国家将遥感估产列为攻关课题，由中国科学院主持，联合农业部等40个单位，开展了对小麦、玉米和水稻大面积遥感估产试验研究，建成了大面积"遥感估产试验运行系统"并完成了全国范围的遥感估产的部分基础工作。通过1993—1996年4年试验运行，分别对四省两市（河北省、山东省、河南省、安徽省北部和北京市、天津市）的小麦，湖北省、江苏省和上海市的水稻；吉林省的玉米种植面积、长势和产量的监测和预报，在指导农业生产及农业决策中发挥了重要作用。特别是解决了一些关键技术问题，为进一步开展全国性的卫星遥感估产提供了重要保证。1995年，中国科学院、气象局及多家高等院校、研究所致力于遥感估产技术的研究，并在浙江、江西、江苏各省及华北、东北、江汉平原等地区对冬小麦、玉米、水稻、糜子等作物进行遥感估产，在遥感信息源选取、作物识别、面积提取、模型构建、系统集成等各个技术环节有了大幅的进步。这些模型汲取了以前模型的优点，模型因子的选择更加合理，可操作性更强，精确程度更高。

[冬小麦遥感估产应用举例]

基于时序影像和统计数据的冬小麦遥感估产

0 引言

冬小麦是我国三大主粮作物之一，在国民经济中占据着重要地位。尤其是在以面食为主的山东，冬小麦生产更占有举足轻重的地位。国家制定合理的粮食政策、宏观调控粮食市场价格对于保障国家的粮食安全和维护社会的长治久安有着重要的意义。合理的粮食政策又要以及时、准确、快速监测农作物长势和预报粮食产量为前提。因此，科学地、准确地估测作物产量，对于确保国家粮食安全，指导和调控宏观种植业结构调整，具有重要意义。

作物估产方法主要有传统的作物产量气象预报法、人工抽样调查测产法、统计模拟模型法和遥感监测法。传统的作物估产方法在时效、经济成本和准确性上难以满足农业生产管理对农情监测信息的需要。遥感估产是根据不同作物自身具有的波谱反射特征，利用遥感卫星所携带的传感器获得的光谱数据信息，结合不同的数据处理方法将遥感卫星收集的多光谱数据经线性或非线性处理形成能反映作物生长信息的植被指数，作为评价作物产量估算的标准。

当前，遥感作物估产已经成为遥感与农业交叉的研究重点，针对我国粮食安全中粮食估产问题，以山东省为研究区，基于遥感数据反演得到的归一化植被指数（NDVI）、作物水分胁迫指数（CWSI）、地面温度（LST）和经过统计历史产量分解得到的趋势产量数据，结合地面样本数据，构建山东省级和市级尺度的冬小麦估产模型，实现动态产量预报。为山东省及时、准确地掌握粮食生产状况、粮食政策的制定、农业保险赔付比率确定提供参考，为保障粮食安全提供科学数据支撑。

1　研究区及数据获取

1.1　研究区概况

位于黄河流域的山东省（34°22.9′N～38°24.01′N，114°47.5′E～122°42.3′E），地处中国华东地区的沿海，辖16个地市。气候属暖温带季风气候类型，降水集中，雨热同季，春秋短暂，冬夏较长。光照资源充足，适合农业种植，是全国粮食作物和经济作物重点产区。主要种植的粮食作物有冬小麦、玉米、地瓜和大豆等。作为我国的产粮大省，山东省的小麦种植面积常年保持在6 000万亩左右，是全国第二大小麦主产区。

1.2　数据获取及预处理

本研究使用的遥感数据为 MODIS 数据集中的 MOD09A1（500m 分辨率表面反射率 8d 合成产品）、MOD16A2（500m 分辨率全球陆地蒸发蒸腾 8d 合成产品）和 MOD11A2（1km 分辨率地表温度/反射率 8d 合成产品）影像产品，均下载自 LAADS DAAC（https：//ladsweb. modaps. eosdis. nasa. gov/），影像数据按瓦片（tiles）模式显示，山东取水平 27 景，竖直第 5 景。时间间隔为 8d/景，数据时间为 2016—2020 年。

本研究使用的调查数据包括山东省小麦种植面积矢量数据、山东冬小麦物候数据、山东省矢量边界数据和山东省县级冬小麦统计数据（来自统计局）。数据的预处理包括了遥感影像和矢量数据的投影转换、遥感数据的裁剪、像元的筛选等。

对获得遥感影像计算时序归一化植被指数（NDVI）、时序作物水分胁迫指数（CWSI）、时序地面温度（LST），将计算得到的时序影像使用 ENVI 软件中的 band math batch 组件去除噪声及异常值。对处理后的时序影像使用山东矢量边界数据进行裁剪，使用山东省小麦种植面积矢量数据产品进行掩膜，并计算每个县级累积平均 NDVI 影像、CWSI 影像和 LST 影像。

2 研究方案与方法

2.1 研究方案

本研究的技术路线如下：先对获得的 2016—2020 年数据使用山东省冬小麦物候观测数据，选择小麦生育期内（MODIS 数据时间序列为 049–097）的遥感影像计算时序归一化植被指数（NDVI）、时序作物水分胁迫指数（CWSI）、时序地面温度（LST），将计算得到的时序影像使用 ENVI 软件中的 band math batch 组件去除噪声及异常值；然后对处理后的时序影像使用山东矢量边界数据进行裁剪，使用山东省农业农村遥感应用中心制作的山东省小麦种植面积矢量数据产品进行掩膜，并计算每个县级累积平均 NDVI 影像、CWSI 影像和 LST 影像；最后结合调查数据，通过最小二乘法建立估产方程，并进行精度评定。

2.2 指数计算

2.2.1 作物水分胁迫指数（CWSI）

作物水分胁迫指数可以反映植被不同生长状况下蒸腾量的变化和生长环境的干旱程度，计算公式为：

$$CWSI = 1 - ET/PET$$

式中，CWSI 为作物水分胁迫指数；ET 为实际蒸腾量；PET 为潜在蒸腾量。

县级平均 CWSI 具体计算过程如下：首先，利用山东省小麦种植面积矢量数据产品作为掩膜数据对 CWSI 数据进行掩膜处理，得到山东省耕地范围内的 CWSI 数据。其次，利用山东省县级边界矢量数据，分别提取每个县区对应的所有小麦像元的 CWSI 平均值，将求得的平均值作为该县区该年该期的胁迫指数。最后，统计县级生育期内的累计平均胁迫指数，求得每个县区生育期内的累计平均胁迫指数。

2.2.2 归一化植被指数（NDVI）

在植被遥感中，归一化植被指数 NDVI 是目前应用最为广泛的植被生长状态监测的最佳指示因子，公式如下：

$$\text{NDVI} = (\rho_{\text{NIR}} - \rho_{\text{RED}}) / (\rho_{\text{NIR}} + \rho_{\text{RED}}) \tag{1}$$

式中，ρ_{NIR} 和 ρ_{RED}，对应 MOD09A1 数据的近红外波段 Band 2 和红光波段 Band 1 的反射率。

计算县级平均 NDVI 和生育内的累计平均 NDVI。其计算过程同 2.2.2 中县级累计平均 CWSI 同。

2.2.3　陆地表面温度（LST）

该日间产品的基础数据集是 MODIS 陆地表面温度数据（MOD11A2），经 MRT 转换后的数据需要进一步处理，如 LST 产品需经公式：NG×0.02~273.15 运算后才可转换为设施温度。

2.2.4　趋势产量

趋势产量是反映历史时期生产力发展水平的长周期产量分量，也被称为技术产量。本研究使用时间序列趋势分析中的指数平滑方法求取趋势产量。该方法将整个时间序列内的历史产量，在某个与滑动步长时间内进行线性拟合，形成一条线性函数的直线。随着滑动直线不断向后移动，不断生成新的拟合直线。在直线滑动完成后，各时间点上均有对应有大于或等于各直线的模拟值，再对各时间点上的模拟值求平均值，即得到技术产量。这种模拟方法既不损失样本序列的年数，也避免了主观假定长时间序列产量变化的曲线类型，是一种较为实用的趋势模拟方法。

2.3　估产模型的构建

以 2016—2020 年的县级累计平均归一化植被指数（NDVI）、作物水分胁迫指数（CWSI）和陆地表面温度（LST）数据及县级技术产量作为估产模型的建模驱动因子，利用最小二乘法的多元线性回归方法建立 2016—2020 年山东省省辖市尺度冬小麦估产模型，以 2016—2020 年的市级累计平均归一化植被指数（NDVI）、作物水分胁迫指数（CWSI）和陆地表面温度（LST）数据及市级技术产量作为估产模型的建模驱动因子，利用最小二乘法的多元线性回归方法建立 2016—2020 年山东省全省尺度的冬小麦产量估产模型。

2.4 精度验证

本研究中估产精度评价的指标包括绝对误差（Absolute error，AE）和相对误差（Absolute relative accuracy，ARA），计算绝对误差和相对误差公式如下：

$$YAE = \mid Ye - Ya \mid$$

$$YARA = \left(1 - \frac{\mid Ye - Ya \mid}{Ya}\right) \times 100\%$$

式中，Ye 为山东省第 i 年冬小麦估产产量；

Ya 为山东省第 i 年冬小麦统计数据的真实产量。

相对误差能够客观描述提取精度且能够更好地反映提取的冬小麦播种面积的可信度，相对误差越小表示面积提取精度越高。

空间分布精度检验利用 GPS 采样点制成的点图层与冬小麦空间分布图和校正后的 MODIS 遥感影像进行叠加，结果表明，冬小麦空间分布与 MODIS 遥感影像所显示的基本一致。

3 研究结果与分析

3.1 自变量与小麦产量的相关性分析

对 2016—2020 年市区、县区小麦产量数据（总产）分别与对应市区、县区的累计平均归一化植被指数（NDVI）、作物水分胁迫指数（CWSI）和陆地表面温度（LST）数据及技术产量进行相关性分析。因青岛、淄博、日照因为缺少县级数据，只参与了省域估产模型的计算（表1）。

表1 各市小麦产量与累计平均归一化植被指数（NDVI）、
作物水分胁迫指数（CWSI）数据及技术产量的相关系数

市总产	累计平均 NDVI	累计平均 CWSI	趋势产量
济南	0.549 **	0.217	0.802 **
枣庄	0.242	−0.028	0.984 **
东营	0.676 **	0.090	0.987 **
烟台	0.689 **	0.247	0.979 **

（续表）

市总产	累计平均 NDVI	累计平均 CWSI	趋势产量
潍坊	0.562 **	0.120	0.990 **
济宁	0.252	-0.330 *	0.959 **
泰安	0.754 **	-0.442 *	0.995 **
威海	-0.348	-0.513 *	0.752 **
临沂	0.748 **	-0.013	0.986 **
德州	0.308 *	-0.103	0.979 **
聊城	0.127	-0.008	0.438 *
滨州	0.658 **	0.568 **	0.982 **
菏泽	0.003	0.103	0.977 **

注：** 表示差异极显著（$P<0.01$），* 表示差异显著（$P<0.05$）。

各市小麦产量和趋势产量因子之间的相关性最高，除了聊城市的相关系数为 0.438 *，其他市的相关系数均不小于 0.752 **，显著性水平均高于 0.01 水平（表2）。

表2　山东省小麦产量与累计平均归一化植被指数（NDVI）、作物水分胁迫指数（CWSI）和陆地表面温度（LST）数据及技术产量的相关系数

省总产	累计平均 NDVI	累计平均 CWSI	累计平均 LST	趋势产量
山东	0.581 **	0.067	-0.071	0.991 **

对全省小麦产量数据与全省范围内的生育期内的各指数进行相关性分析。其中与产量相关性最大的是技术产量，相关系数高达0.991，通过显著性水平 0.01 的检验；累积平均 NDVI 与产量的相关性达到了 0.581，通过显著性水平 0.01 的检验；累积平均 CWSI与产量的相关性较低，为 0.067，且没有通过显著性水平的检验；累积平均 LST 与产量的相关性最低，为 0.071，同样没有通过显著性水平的检验。

由表1和表2可以看出,趋势常量、累积平均NDVI与实际产量都有良好的相关性,可以作为对小麦产量估计进行建模的因子,为了兼顾地市的估产,同样选择了累积平均CWSI作为建模的因子。

3.2 小麦估产模型

以各县技术产量 Yi、累计平均NDVI、累计平均CWSI、累计平均LST为自变量,以相应县的实际产量为因变量,基于最小二乘多元线性回归法建立了2016—2020年山东省13个市和1个全省的产量(总产)估算模型,如表3所示。

表3 各市和山东省估产模型

市/省	估产模型(总产)	R^2	F	P
济南	$Y=0.743Yi+393\,637.254\text{NDVI}+274\,529.375\text{CWSI}+253\,065.449$	0.698	28.506	0.000
枣庄	$Y=0.937Yi+64\,703.217\text{NDVI}+18\,179.475\text{CWSI}-37\,870.1$	0.971	237.261	0.000
东营	$Y=1.006Yi-46\,098.144\text{NDVI}+3\,691.388\text{CWSI}+18\,061.485$	0.975	267.85	0.000
烟台	$Y=0.989Yi-176\,319.656\text{NDVI}+5\,160.835\text{CWSI}+38\,806.836$	0.964	456.153	0.000
潍坊	$Y=1.002Yi+18\,420.149\text{NDVI}-65\,814.760\text{CWSI}+21\,423.952$	0.980	920.336	0.000
济宁	$Y=0.928Yi-143\,093.129\text{NDVI}+51\,750.174\text{CWSI}+48\,367.060$	0.927	169.103	0.000
泰安	$Y=1.017Yi-6\,752.907\text{NDVI}+37\,517.87\text{CWSI}-24\,543.879$	0.991	952.450	0.000
威海	$Y=0.777Yi-483\,616.821\text{NDVI}-192\,510.565\text{CWSI}+223\,920.330$	0.923	63.531	0.000
临沂	$Y=0.935Yi+24\,904.196\text{NDVI}+39\,368.321\text{CWSI}-26\,974.814$	0.972	658.820	0.000

（续表）

市/省	估产模型（总产）	R^2	F	P
德州	$Y=0.969Yi-203\ 035.04NDVI+$ $21\ 721.551CWSI+76\ 659.24$	0.968	513.361	0.000
聊城	$Y=0.687Yi-77\ 629.586NDVI-$ $373\ 998.555CWSI+467\ 211.843$	0.309	4.179	0.015
滨州	$Y=0.912Yi+46\ 999.932NDVI+$ $41\ 827.382CWSI-9\ 995.823$	0.966	293.160	0.000
菏泽	$Y=1.001Yi-30\ 058.829NDVI+$ $25\ 128.846CWSI+1\ 049.821$	0.854	282.259	0.000
山东	$Y=0.974Yi-120\ 065NDVI+$ $100\ 856.5CWSI+12\ 327.06$	0.983	1\ 133.915	0.000

从表 3 中可以得出，泰安市小麦总产估算模型 R^2 最高（0.991），并且在 0.01 的水平上显著，济南市小麦总产估算模型 R^2 最低（0.698），在 0.01 的水平上显著。

3.3　小麦估产模型的精度验证及早期制图

使用绝对误差和相对误差对估产模型进行精度验证，结果如表 4 所示。

表 4　小麦估产模型的精度验证结果（2022 年）

市/省	实际产量 /t	估算产量 /t	绝对误差	绝对误差相对 精度/%
济南	1 392 481	1 488 305.488	95 824.487 92	93.12
枣庄	896 181	821 516.084 5	74 664.915 49	91.67
东营	673 151	657 313.230 4	15 837.769 62	97.65
烟台	746 945	653 156.518 9	93 788.481 09	87.44
潍坊	2 099 630	2 022 963.071	76 666.928 58	96.35
济宁	2 340 496.4	2 137 462.762	203 033.638 2	91.33
泰安	1 164 899	1 151 415.845	13 483.155 32	98.84

（续表）

市/省	实际产量 /t	估算产量 /t	绝对误差	绝对误差相对 精度/%
威海	265 000	188 064.886	76 935.113 97	70.97
临沂	1 794 009	1 674 789.22	119 219.78	93.35
德州	3 801 300	3 605 291.09	196 008.910 3	94.84
聊城	2 832 452	2 549 754.323	282 697.677 2	90.02
滨州	1 876 419	1 735 822.756	140 596.244 3	92.51
菏泽	4 070 202.3	4 002 011.614	68 190.686 05	98.32
山东	26 367 000	22 918 830.2	3448 169.802	86.92

除了威海市外，各市的绝对误差相对精度均超过 87.44%；其中，绝对误差相对精度最高的市是泰安市，绝对误差相对精度为98.84%；其次是菏泽市，绝对误差相对精度为 98.32%。整个山东省的绝对误差相对精度为 86.92%。

4　结论与讨论

本研究提出了一种基于时序影像和统计数据的冬小麦遥感估产早期制图及方法，该方法以归一化植被指数（NDVI）、作物水分胁迫指数（CWSI）分别表征冬小麦实际生长状态和生长环境的胁迫因素，以趋势产量描述研究区农业生产水平及土地生产力，针对小麦的生长特点和研究区域特点，结合历史产量数据和遥感数据，对山东省 13 个省辖市和全省域小麦产量进行建模。

（1）除了沿海城市威海市外，本研究所建的估产模型的精度均大于 86.92%。该模型在农业遥感产量初期估算中有一定的参考价值，具有较高的适用性，采用遥感数据和趋势产量结合的模式可以实现高精度估产。

（2）趋势产量、NDVI 和冬小麦具有显著相关性，CWSI 与冬小麦产量具有相关性，但不明显，可以作为冬小麦估产建模的因子。结果表明，趋势产量与冬小麦实际产量的相关性最高，在估产模型中为主要影响因子，体现了研究区域的客观种植条件和农作物生产水平，累积平均 NDVI 与冬小麦实际产量的相关性次之，主要表现了作物的实际生长状况；累积平均 CWSI 与冬小麦实际产量的相关性最低，主要体现了研究区域的气候条件、土壤水分和干旱灾害等情况。

分析本研究对产量预测建模的方法和结果，可能会对建模结果产生影响的有以下因素。

(1) 采用累积 NDVI 和累积平均水分胁迫指数反映环境因素对小麦产量的影响，但在实际生产过程中，小麦产量会受到多种环境因素的影响，以及各种人为因素造成的产量波动。而这部分影响因素在本文的模型中难以用遥感数据表达和预测。

(2) 使用特定的作物掩膜可以改善作物估产模型的精度，但由于特定作物的空间分布每年均变化，获取时间序列内每年特定作物的掩膜数据工作量大，且存在分类误差，每年的误差和分布也会不同，作物分布图的误差也会传递到后续的模型中。

(3) 本研究趋势产量是对估产模型精度具有重要影响的变量，在估算趋势产量的过程中，所使用的时间序列长度和计算方法是影响趋势产量估算精度的两个重要因素，本研究只使用了近 5 年的冬小麦历史产量数据进行技术产量的估算，并且在县、村级精细规模上，长时间序列的历史产量数据获取困难，这在一定程度上影响了趋势产量的计算精度。

第五节 环境监测

环境卫星遥感监测是环境管理的重要手段之一，连续监测、定时监测和严格的管理相结合，能准确地反映环境质量状况，有针对性地加强监督管理。通过遥感技术对农村生态环境进行实时监测和评估，提高环境污染治理的效率。

农村环境遥感监测可以实现对空气、土壤、水源等环境因素的监测和评估。例如，在监测水质方面，通过遥感技术对水体反射率等参数进行分析，可以实现对水质的评估，以解决农村水污染排放问题。

在大气遥感监测方面，我国重点开展了 4 个方面的工作：一是利用遥感技术监测大气污染与污染源，如辽宁省环境科学研究院应用遥感技术对抚顺露天煤矿进行了监测；分析了矿坑上空逆温层的形成与大气污染物扩散的关系，搞清了矿坑内产生污染的条件，为露天矿场的污染防治和环境污染预报提供了科学依据；中国环境科学研究院在太原市进行了以大气污染为目标的遥感监测；北京市生态环境保护科学研究院曾对规划市区的烟囱高度、分布进行了航空遥感分析等，这些都为污染防治和环境污染预报提供了科学依据。二是通过遥感图像上植物的季相节律变化和遭受污染后的反应差异，以植物对污染的指示性反演大气污染，如确定大气污染的范围、程度和扩散变化，如进行津渤环境遥感试验时曾利用遥感图像上呈现的树冠影像的色调和大小差异，圈定了二氧化硫和酸气、氟化氢等典型污染场。三是以地面采样的分析结果作参照量，与遥感图像进行相关分析，如进行津渤环境遥感试验时，曾采集树木叶片测定其含硫、含氯量以及树皮的 pH 值，分析二氧化硫、氯气及酸雾的污染。四是利用飞机携带大气监测仪器，在污染地区上空分层采样并进行数据处理分析，如天津、太原曾用该方法监测大气气溶胶、飘尘及二氧化硫的时空分布特征和运移规律。

在水污染的监测方面，我国先后对海河、渤海湾、蓟运河、大连湾、长春南湖、于桥水库、珠江、苏南大运河、滇池等大型水体进行了遥感监测；研究了有机污染、油污染及富营养化等；利用水体叶绿素与富营养化间的关系研究了滇池水体污染与富营养化状况；利用卫星遥感资料估算了渤海湾表层水体叶绿素的含量，建立了叶绿素含量与海水光谱反射率之间的相关模式，定量地划分了有机污染区域；利用水体热污染原理先后对湘江、大连湾、海河、闽江、黄浦江等进行了红外遥感监测。

[应用举例]

遥感技术在环境监测中的应用

1　概述

遥感是 20 世纪 60 年代发展起来的对地观测综合性技术[1]，是一种应用探测仪器，不需要与探测目标直接接触，通过记录目标物体的电磁波谱，从而分析解释物体的特征性质及其变化的综合性探测技术。遥感技术让大面积的同步观测成为现实；可以在短时间内对同一地区进行重复探测，实现对地物的动态监测；其数据具有很强的综合性、可比性和经济性。

1992 年，联合国世界环境与发展大会提出并通过以可持续发展作为世界各国共同接受的发展战略，在大会上通过的"21 世纪议程"的数百个项目中，有相当一部分涉及卫星遥感与地理信息系统技术[2]。全球《21 世纪议程》中还指出，评价可持续发展的进度的方法是利用各种指标体系衡量经济、社会与环境的改变[2]。

20 世纪 90 年代以来，遥感技术已广泛应用于环境监测、自然资源调查和动态监测、城市规划等各方面。其应用研究涉及的领域广、类型多，既有专题性的，也有综合性的，包括农业生产条件研究、作物估产、国土资源调查、土地利用与土地覆盖、水土保持、森林资源、矿产资源、草场资源、渔业资源、环境评价和监测、城市动态变化监测、水灾和火灾监测、森林和作物病虫害研究等。

至今它仍以多空间分辨率、多时相的遥感图像和数据使人们能够分析环境和自然资源等的时空变化规律，推动人类和谐进步与发展。

2　遥感技术在环境各方面的应用

2.1　在海洋环境中的应用

海洋约占地球表面的 70%，是全球环境的一个重要组成部分，尽管现在普遍关注的是陆地表面的问题，但是海洋在全球环境风险估计中的作用不容忽视。只考虑陆地作为全球环境系统而忽视海洋对陆地环境和大气施加的物理、化学和生物学的强大影响是不可能的，在全球尺度上，海洋作为一个缓冲器，可以缓和太阳辐射引起的大气自然温度变化，从而缓和极端的气候变化。在区域尺度上，沿海区域海洋对于环境风险起着多种作用，它是洪水泛滥的潜在因素，可以影响当地的气候类型，是沿岸排放物的容纳器。因此在专注于对陆地表面和城市问题的环境风险监测的空间技术时，提及卫星遥感技术是如何用来观测航海环境风险是合适的[3]。

1978 年 6 月 26 日美国发射了世界上第一颗海洋卫星 Seasat 1，开创了海洋遥感和微波遥感的新阶段，为观测海况，研究海面形态、海面温度、海冰、大气含水量等开辟了新阶段。20 世纪 90 年代发射的 ERS1 和 ERS2，使海洋监测的方法得到发展，它们均使用全天候测量和成像的微波技术，提供全球重复性观测的数据，为太阳同步的极地轨道卫星系统，观测领域包括海况、海洋风、海洋循环及海洋冰层[1]。

目前，从太空对海洋主要的观测基本是海水颜色、海洋表面温度、表面粗糙度和表面坡度。对海洋表面温度的遥感监测数据的好处在于它的全球性，可以观测到全球海洋任意尺度上的变化。我们可以通过绘制海洋表面温度（SST）、海洋表面高度（SSH），从而得到海洋近况，海面的风力强度，以便于更好地理解建立在大气和海洋这个大尺度上的相互关系。

遥感具有实现对海洋进行监测的特征[4]，表现在：

（1）天气数据的提供。

（2）遥感卫星能实现从数小时到连续数周的重复探测。

（3）大面积的同步观测。

（4）能获得遥远区域、普通探测不容易达到区域的数据。

然而由于海洋具有特殊性，如面积很大，反射较强，海水具有透明性以及海面的特殊状况，以及探测区域与遥感器的距离问题，遥感探测的不确定性和局限性必须要考虑到：

（1）遥感探测技术上的局限性和大气的影响会造成遥感观测数据的误差。

（2）遥感数据需要基于实际测量技术数据的合适的校准和修正。

当探测信号和海洋原理（事实）定量关联时，遥感的作用才能完全发挥，大气校正程序才能更加完善。这就要求充分研究航行器和海洋原理关于理论和实践的之间相关联的相关进程。

2.2　在大气环境中的应用

气溶胶是指液体或固体微粒均匀地分散在气体中形成的相对稳定的悬浮体系。气溶胶粒子的来源很复杂，地球表面的岩石和土壤风化，海洋表面由于风浪的作用使海水泡沫飞溅而形成的海盐粒子，植物花粉、孢子、人类燃烧活动和自然火灾（包括火山爆发，森林及农田火灾）以及工厂排放的气体或发生化学反应而产生的液态或固态粒子等，构成了来源广泛而又复杂的大气气溶胶体系。国际上利用卫星遥感资料反演大气气溶胶的研究工作始于20世纪70年代中期，研究自从1980年以来在行星附近全球气溶胶和臭氧浓度不断地增长（Logan[5]，1994；Lelieveld et al.，1999；Ramamathan et al.，2001；Kourtidis[6] et al.，2002），对流层臭氧和悬浮颗粒物质对地球的影响集中于辐射和地球的气候压力（Houghton et al.，2001；Seinfeld et al.，2004），均对人类的健康起消极的作用。近来APHEA工程在欧洲对流行病的研究表明颗粒物质污染对心血管病和欧洲8个国家的死亡率的短期作用（Touloumi et al.，1997；Katsouyanni et al.，2001；Le Tertre[7] et al.，2002）。

激光雷达遥感技术为研究从数小时到数月的更高的时间和空间分辨率地球大气的大的参数变化和特性提供了可能。现在研究已超过35年，各种类型的地面基础雷达系统（包括云高批示器）已经不断地探入地球大气层，结合其他的遥感技术（太阳光度计、分光光度计、辐射计等），来测量臭氧和颗粒物质的特性（如光学深度、空间分布和分层、日变化等），同样被科学家描述。空运的和空间的激光雷达系统近来已经被运用（如 LIT E-GLAS/NASA）或即将被运用（如 GALIPSO/NASA-CNES）观测在区域和全球尺度上的地球大气层中气溶胶的垂直可变性（Spinhirne et al., 2004; Winker et al., 2004）[8]。

2.3　在土地覆盖利用变化中的应用

当前涉及全球变化的问题不断出现，如全球碳循环的量化（Post et al., 1990）[9] 和对气候变化的生物反馈（Lashof, 1989）[10]，均要求数据描述大面积的土地覆盖特性。以人造卫星为基础的遥感技术作为一个强大的制作陆地覆盖图工具已经显示成果，主要是依赖美国国家海洋和大气局的 Landsat 卫星装载的多光谱扫描仪，在土地覆盖类型中依靠光谱的区别进行分类。尽管已经证明遥感技术有区分精确的土地利用和植被类型的能力，但是这些分析的空间使用范围在一定程度上受成本、计算的约束和涉及云覆盖问题的限制。

从 20 世纪 80 年代初，土地覆盖信息开始被认为对环境描述和研究极具重要性（Watson et al., 2000）[11]。对陆地表面的第一生产力和生物多样性易变的定义主要是陆地覆盖的类型（Turner et al., 2005）[12]。土地覆盖是人类干涉土地最简单的观测指示器和任何环境资料库的参数。

在 20 世纪 80 年代关于遥感数据在全球变化和可持续发展中的研究已经做了大量的工作。土地利用和土地覆盖变化（LUCC）已经成为全球变化研究项目的一个主要组成部分。关于这个的第一个国际性的研究计划是国际岩石圈——生物圈计划（IGBP）。IGBP 和 ISCC 国际社会科学议会开启了一个关于 LUCC 汇合了在土地覆盖和土地利用变化分析方面的环境和社会自然科学专家技术的主要工程。自此，发起了其他关于土地覆盖和土地利用分析的基础研究计划，例如 IAI（全球变化研究美国协会）、APN（全球变化亚洲—太平洋网络）、ST ART（分析研究和训练全球变化系统）和

GCT E（陆地生态系统全球变化）。

作为对 LUCC 和 GCTE 的补充，美国宇航局 NASA 发起属于自己的土地覆盖和土地利用变化研究计划（NASA—LCLUC）。每个计划都把土地利用和土地覆盖变化作为首要的研究课题（Townsend et al.，1994）[13]。

近来被应用在国家范围内发展大范围陆地覆盖图的一个方法是归一化植被指数（NDVI）或绿色指标的使用。用这种方法包括在更高的空间分辨率上遥感数据的检查对研究陆地覆盖调查精确性和可靠性可能的机制，另外和现有地图或详细目录的比较，结合实地考察确认。DAVIDE. T URNER[14] 以详细目录和以遥感为基础的当代绿荫面积估计与潜在的植被图显示过去土地利用变化大小和未来变化的可能性。

2.4　在植被生态环境中

植被是环境的重要组成因子，也是反映区域生态环境的最好标志之一，同时也是土壤、水文等要素的解译标志[1]。

对大型植被群落的调查一般受不易接近目标物的限制。因此，遥感对于估计大型植被和生物物理和生态学参量的关联是一种非常有利的工具。遥感图像的使用允许进行临时研究，并提供周围地区全面详细的信息。随着传感器技术和处理技术的增强，植被特性例如种类成分、叶面积指数、单位面积或体积的植物数量、光合作用辐射和吸收，甚至化学成分都可以通过放射数据测定。水上植被光谱特征的原理与地面植被的相同。在叶的水平上，叶子色素的存在和浓度决定了在可见光谱区域的响应，叶子的形态和水容量是红外线波长起作用的重要因素。在个体水平上，生物物理因素如叶子的分布状态，叶子密度和倾向性和整个的遮盖结构很重要。

2.5　在大规模工程建设环境中

遥感技术在水电工程建设前期的区域稳定性评价及周边地区环境地质调查中具有客观、快速和高效的优势，可为电站站址的选择和工程线路的比选提供客观依据[15]。例如，为了对电站可行性论证提供更加全面和科学的资料，我国20世纪从80年代初开始，先后在雅砻江二滩水电站、龙滩水电站、长江三峡水电站、黄河龙羊峡水电站、金沙江下游白鹤滩水电站、溪洛渡水电站及乌东德水电站库区开展了大规模的区域性滑坡、泥石流遥感调查，进行了区域地质背景、库岸稳定性、库岸土地利用、淹没损失、库区环境等各项调查。我国第一座核电工程——大亚湾核电站就是利用遥感图像提取与活动断裂有关的工程地质信息，选择出了相对稳定、安全的站址。在查清地表水资源方面，利用各种遥感资料，通过处理，可以分析出江河、湖泊、水库的水面消涨情况。为了解决马尾藻对核电站取水口堵塞情况，罗丹[16]等以卫星遥感数据为信息源，把电子计算机图像处理技术和光学图像处理技术有机地结合，以计算机差值处理和背景信息滤波为主要手段，将马尾藻信息初步提取出来，再经光学图像处理，对光源的光谱组成和光源强度进行科学的设计和严格的控制，采用了多种光学处理技术，成功地把马尾藻与其他背景物区分开，并综合显示和补充了其他必须显示的信息，准确地为大亚湾核电站提供了马尾藻的生长、分布范围和漂移路径，为马尾藻的产量估算提供了较准确的、直观的依据，从而为核电站冷却水取水口的过滤闸和过滤鼓的设计提供可靠的数据。

在青藏高原，利用卫星遥感数据，已查明面积大于$1km^2$的湖泊600多个；在成都平原，利用遥感资料成功地划分出强富水区、富水区、中等富水区和弱富水区，结合其他资料，计算出了地下水天然补给量及开采资源量；在青海柴达木盆地，利用遥感图像划分出了地下水的富水地段，初步确定了该地区地下水的埋藏深浅和地下水水质的相对好坏。西部干旱区共有冰川22 591条，占全国冰川总数的50%左右，融雪水是我国西部地区水资源的重要组成部分，遥感技术特别是微波遥感是冰川和融雪水调查最为有效的手段。

3　遥感技术在提供环境信息方面的不足

当前社会对环境的重视引起了人类对环境信息的使用中存在的

问题的广泛关注和新的兴趣。在遥感发展的早期阶段，环境信息的使用受限于遥感数据图像失真和低分辨率，数据校正的不准确性，光学和热量传感器对云的不可穿透性等问题。近期随着遥感技术的不断发展，传感器种类的增多，对整个光谱段监测的实现和数字化处理和解译可信度的提高这些问题已经得到了有效的解决。尤其是20世纪90年代，雷达卫星的使用，在观测基地地区和云覆盖的热带森林方面是个很大的进步[17]。

技术的障碍已不是制约遥感事业发展的最主要的因素，重要的是来自随着监测技术的不断发展带来的大量监测数据的存储及转化问题，例如在19世纪90年代末为了更好地理解世界生态系统包括全球变化，热带森林采伐和温室气体作用的研究信息系统和调查的EOS（地球观测系统）卫星，数据将以每天千兆字节的速率获取，美国国会图书馆所有的藏书评估显示只有3千兆[9]；环境信息需求的不确定性；从遥感的前期试验应用阶段到实用化和产业化阶段的转化；经济支持（如获取遥感数据的成本和设备及其试验的相关成本已经足够对遥感数据的利用构成阻碍）及社会传统观念的束缚。

4 遥感在环境监测应用中的展望

遥感技术是一个新的技术领域，在短时间内，以技术上的飞速发展和随着人造卫星数量的增多及其用于商业用途的人造卫星操作者的竞争而不断发展的数据政策而显著。

4.1 遥感数据的共享

在国际上，应该逐渐实现对遥感数据的共享；在我国，当前环境污染遥感监测技术应依托我国的对地观测技术和对地观测系统的发展计划，同时充分利用国际上资源环境卫星系统，开展广泛的国际合作和交流，大力发展我国的环境污染遥感监测技术，并充分利用现有的环境监测网点和常规监测方法，采用遥感技术与地面监测相结合的方法，建立我国的环境污染遥感监测系统。

4.2 4S技术的结合

将环境污染遥感监测技术（RS）与 GIS（地理信息系统）、

GPS（全球定位系统）、ES（专家系统）技术集成，利用环境污染遥感监测集成系统，可以大大提高环境监测的科学性、合理性及智能化程度，从而大大扩展环境监测的应用范围，开发集 GPS、RS、GIS、ES 于一体、适合环境保护领域应用的综合多功能型的遥感信息技术。根据目前遥感技术、地理信息系统、全球定位系统相结合的 "3S" 技术的发展趋势[18]，应推动其系统技术整合，并进入电子信息网络。应在国家有关部门支持下开展 "4S" 技术的应用研究，使 "4S" 技术在我国的环境保护领域发挥巨大作用。

参考文献

[1] 梅安新，彭望禄，秦其明，等. 遥感导论 [M]. 北京：高等教育出版社，2001.

[2] 冯筠，黄新宇. 遥感技术在资源环境监测中的作用及发展趋势 [J]. 遥感技术与应用，1999，14（4）：59-70.

[3] I. S. POBINSON. Space Techniques for Remote Sensing of Environ mental Risks Seasand Oceans [J]. Survey in Geophysics, 2000, 21: 317-328.

[4] D. SPITZER. On Applications of Remote Sensing for Environment Monitoring [J]. Environmental Monitoring and Assessment, 1986, 7: 263-271.

[5] LOGAN, J. A. Trends in the Vertical Distribution of Ozone: an Analysis of Ozonesonde Data [J]. Geophys. Res., 1994, 99: 25553-25585.

[6] KOURTIDIS, K., ZEREFOS, C., RAPSOMANIKIS, S., et al. Regional Levels of Ozone in the Troposphere over Eastern Mediterranean [J]. Journal of Geophysical Research, 2002, 107（D18）: 8140. doi: 10. 1029/2000JD000140.

[7] LE TERTRE, A., MEDINA, S., SAMOLI, E., et al. Short－term Effects of Particulate Air Pollution on Cardiovascular Diseases in Eight European Cities [J]. Epidemiol. Comm. Health, 2002, 56: 773-779.

[8] A. D. PAPAYANNIS. Monitoring of Suspended Aerosol Particlesand Tropospheric Ozone by the Laser Remote Sensing (LIDAR) Technique:

A Contribution to Develop Tools Assisting Decision-Makers [M]. Environmental Health mpacts of Transport and Mobility, 2006.

[9]　POST, W. M., PENG, T. - H., EMANUEL, W. R., et al. The Global Carbon Cycle [J]. Am. Scientist, 1990, 78: 310-326.

[10]　LASHOF, D. A. The Dynamic Greenhouse: Feedback Processes T hat M ay Influence Future Concentrations of Atmospheric Trace Gasesand Climate Change [J]. Clim. Change, 1989, 14: 213-242.

[11]　WATSON R, NOBLE I, BOLIN B, et al. Landuse, LandUse Change, and Forestry a special report of the IPCC [M]. Cambridge: Cambridge University Press, 2000.

[12]　TURNER Ⅱ BL, SKOLE DL, SANDERSON S, et al. Landuse and Land-cover Change: Science/Research Plan [R]. Stockholm: IGBP.

[13]　TOWNSEND JRG, JUSTICE CO, SKOLE D, et al. The 1 km Resolution Global Data Set-Needs of the Int. Geosphere Biosphere Program [J]. Int J Remote Sens, 1994, 15 (17): 3417-3441.

[14]　DAVIDE T URNER, GREG KOERPER, HERMANN GUCINSKIAND CHARLES PETESON. Monitoring Global Change: Comparison of Forest Cover Estimates using Remote Sensing and Inventory Approaches [J]. Environmental Monitoring and Assessment, 1993, 26: 295-305.

[15]　刁淑娟, 聂洪峰. 遥感技术与西部大开发 [J]. 国土资源遥感, 2000, 46 (4): 7-13.

[16]　罗丹, 陈学廉, 李铁芳, 等. 大亚湾藻类TM卫星遥感影像分布图的制作 [J]. 遥感信息, 1990 (4): 28-30.

[17]　L. SAYN-WTTGENSTEIN. Barriers to The Use of Remote Sensing in Providing Environmental Information [J]. Environmental Monitoring and Assessment, 1992, 20: 159-166.

[18]　LASHOF. A. The Dynamic Greenhouse: Feedback Processes that May Influence Future Concentrations of Atmospheric Trace Gases and Climate Change [J]. Climate Change, 1989, 14: 213-242.

第六节　农业灾害监测

我国幅员辽阔, 南北跨越 50 个维度, 又处于大陆性气候与海洋性气候的交互地带，各大天气系统对我国都有影响。天气多变，地理生态环境多变，地形起伏大，地貌单元多，有着各种灾害发生的生态条件。与世界其他国家相比，我国的灾害种类几乎包括了世界所有灾害类型。我国位于亚洲的东部，东临太平洋，大陆海岸线 1.8 万 km，是个海陆兼备的国家，海相灾害与陆相灾害均有发生。我国大部分地区处于地质构造活跃带上，地质结构复杂，地震活动随处可见。我国又是一个受季风影响十分强烈的国家，受夏季风影响，导致寒暖、干湿度变幅很大；年内降水分配不均，年际变幅亦大，干旱发生的频率高、范围广、强度大，暴雨、洪涝等重大灾害常常发生；冬季的寒潮大风天气常常导致低温冷害、冰雪灾害等。我国乡镇企业蓬勃发展，在为经济发展注入了活力的同时，由于技术、工艺落后，又产生了严重的环境污染，带来了包括酸雨、赤潮、水污染等在内的各种环境灾害。

[应用举例]

农业干旱遥感监测研究

水分收支或供求不平衡导致水分短缺的现象被称为干旱，干旱现象对国民经济特别是农业产生严重影响，干旱的特点是出现频率高、持续时间长、波及范围大，因此历来被人们所关注，现在已经成为一个世界范围的重大环境问题[1]。42%以上的自然灾害损失是由干旱导致的，每年因为干旱灾害导致的经济损失约计 80 亿美元，全世界受干旱灾害影响的国家和地区有 120 多个，受干旱灾害影响的人数超过 20 亿人，全球由于旱灾致死[2]的人口高达 1 100 多万人。农业干旱的严重程度和持续时间会对农作物的产量和品质产生严重影响，进而导致粮食安全和农村经济稳定性的下降。因此，及时准确地监测农业干旱的发生和发展，对减少农业损失、灾害预警和决策制定具有重要意义。进行农业旱灾研究的基础是首先确立农业干旱指标。对于旱灾监测方法的研究，国内外学者已经做了大量的工作，并针对不同的研究对象提出不同的监测指标。

目前的干旱监测指标主要分为两大类：一大类是传统干旱监测指数，这类指数是基于地面气象和水文数据建立的；二大类是遥感干旱监测指数，这类指数是基于卫星遥感信息的。传统的干旱监测指标主要有帕默尔干旱指数（Palmer Drought Severity Index，PDSI）、地表水分供应指数（Surface Water Supply Index，SWSI）、作物湿度指数（Crop Moisture Index，CMI）和标准化降水指数（Standardized Percipitation Index，SPI）等，这些指数都是基于单点观测，优势是数据容易获得、数据处理方法简单、所需要的计算量小，劣势是会受观测站点的数量限制，很难反映大面积的干旱状况，已逐渐难以满足农业干旱监测的需求。随着遥感技术的发展，出现了基于卫星遥感信息的干旱监测指数，应用多时相、多光谱、多角度遥感数据开始用来监测干旱，与基于气象和水文数据的传统农业灾害监测技术手段相比，基于卫星遥感信息的干旱监测具有宏观性、经济性、动态性、时效性等特征，在一定程度上极大弥补了传统农业灾害监测方法的不足。

1. 遥感农业干旱监测原理

农业干旱通常被称为是在作物生长过程中，因为外界环境因素造成农业生产对象体内水分亏缺，影响其正常生长发育，进而导致减产或失收的现象。土壤含水量是判断干旱的重要指标之一，一般用重量含水率或者体积含水率表示，影响土壤含水量的因素主要有区域光温条件、土壤质地、作物长势、冠层温度，因此土壤含水量的函数表征形式可以描述为：

$$Sw = F\ (R,\ S,\ G,\ T)$$

式中，Sw 表示土壤含水量；R 表示光照条件；S 表示土壤质地（如沙质土、黏质土、壤土等）；G 表示作物长势（无植被覆盖条件下，G 取 0）；T 表示作物冠层温度（遥感监测像元内作物表层的平均温度)。

2. 农业干旱遥感监测方法

根据土壤在不同光谱波段会呈现不同的辐射特性的这一原理,遥感干旱监测分为四大类型:可见光—近红外法、热红外法、特征空间法和微波遥感法。这4种监测方法都是基于土壤水分的遥感干旱监测。

2.1　可见光—近红外法

基于可见光—近红外的遥感监测方法是利用可见光和近红外遥感资料对土壤水分进行反演。基于这种监测方法构建的模型主要因子是地面反射率(可见光和近红外波段反演得到)和地表温度(热红外波段反演得到)。利用可见光和近红外遥感资料进行监测,监测指标主要有植被指数和植被状态指数两类。

2.1.1　植被指数

目前最为常用的遥感干旱指数有归一化植被指数(Normalize Difference Vegetation Index,NDVI)、全球环境监测指数(Global Environment Monitoring Index,GEMI)。

(1)归一化植被指数(Normalize Difference Vegetation Index,NDVI)

目前应用最广泛的是归一化植被指数(Normalize Difference Vegetation Index),归一化植被指数(NDVI)的原理是利用植被叶绿素在红光波段的强吸收,植物叶片内部结构在近红外波段的强烈反射形成,实现对植被信息的表达[3]。

NDVI 的定义为: $NDVI = \dfrac{\rho_{nir} - \rho_r}{\rho_{nir} + \rho_r}$

式中,ρ_{nir} 表示近红外波段的地表反射率,ρ_r 表示可见光红光波段的地表反射率。

归一化植被指数(NDVI)优势是可见光红光波段(波长为 $0.58 \sim 0.68 \mu m$)在叶绿素具有吸收带,近红外波段(波长为 $0.75 \sim 1.10 \mu m$)对绿色植物有一个光谱反射区。

归一化植被指数（NDVI）的劣势是对土壤背景的变化敏感。大量实验表明，植被覆盖度由25%~80%是适合反演区，植被的NDVI值要高于裸土的NDVI值，这种情况下植被可以轻松被检测出来，在这个区间内随着植被覆盖度的增加，NDVI的值将随植物量的增加呈线性迅速增加；如果植被覆盖度小于15%，在干旱、半干旱地区，因植被覆盖度很低，其NDVI很难指示区域的植物生物量；如果植被覆盖度大于80%，NDVI检测灵敏度下降，NDVI值会呈现饱和的状态。

（2）全球环境监测指数（Global Environment Monitoring Index, GEMI）

此方法是通过卫星影像进行全球环境监测的非线性植被指数。优势有二，一是可以使大气效应降到最小，且不改变植被信息，二是动态范围较大，监测范围从稀疏植被到茂密森林都适合；劣势是容易到受土壤颜色和土壤亮度的影响，所以对稀疏和中等植被区并不能很好地适应。

GEMI的定义为：

$$GEMI = eta \times (1-0.25 \times eta) - [(Red-0.125) / (1-Red)]$$

其中，

$$eta = [2 \times (NIR^2-Red^2) +1.5 \times NIR+0.5 \times Red] / (NIR+Red+0.5)$$

式中，NIR表示近红外波段的地面反射率。Red表示可见光红光波段的地表反射率。

该指数与NDVI类似，但对大气影响的敏感度较低。它受裸土影响，因此，不建议在植被稀疏或中度茂密的区域使用。

2.1.2 植被条件指数（Vegetation Condition Index, VCI）

植被条件指数是由Kogan[4]在1990年提出，在距平植被指数、标准植被指数的基础上改进而来。此指数多用以反映植被健康程度，用以反映在相同生理期内植被的生长状况。

VCI的定义为：

$$\text{CVI} = \frac{\text{NDVI} - \text{NDVI}_{\min}}{\text{NDVI}_{\max} - \text{NDVI}_{\min}}$$

式中，$\text{NDVI}_{\min}$ 为某像元 NDVI 多年的最小值，$\text{NDVI}_{\max}$ 为某像元 NDVI 多年的最大值，NDVI 为某年具体像元的 NDVI 值。

植被条件指数的优势是可以有效监测干旱及降水的时空分布动态，在我国基于遥感技术监测农业干旱中得到了广泛的试验性研究[5]。与距平植被指数、标准植被指数的建立需要大量连续的遥感资料，且建成后的指数与干旱之间缺乏定量关系不同，植被条件指数突破了只适用于大尺度大范围的干旱定性监测这一限制。李新尧等[6]通过植被条件指数的建立实现了对陕西省连续 14 年农业干旱情况的识别与时空分布特征的研究，表明植被条件指数在监测陕西省农业干旱方面具有一定的优势，以月为尺度的植被条件指数与降水量并未表现出很好的相关性，这说明影响植被覆盖度和长势的因素不仅仅是降水，植被条件指数相对于降水变化存在一定时间的滞后性。

2.2　热红外法

在土壤含水量的监测中热红外遥感也被广泛应用。基于土壤热惯量法[7]（ATI）是利用热红外遥感反演土壤含水量的一个重要方法。热惯量就是物质对热的惰性。是衡量每个物质热特性的指标之一。热惯量大的物质，受周围热的扰动影响较少；热惯量小的物质，易受周围热扰动的影响，其温度变化较大。该模式表达为：

$$\text{ATI} = \frac{2Q(1 - A)}{T_日 - T_夜}$$

式中，ATI 为土壤热惯量；$T_日$ 为白天的最高温度；$T_夜$ 为夜晚的最低温度；A 为全波段反照率；$Q(1-A)$ 为被地面吸收的太阳净辐射能。

大量学者的实验表明，土壤热惯量与土壤水分的变化有密切的关系。土壤热惯量越大，土壤温度的变化幅度越小。

2.3　特征空间法

特征空间法是 2002 年 Sandholt 等[8]基于植被指数和地表温度的散点图呈现出来的梯形分布特征，利用简化的 NDVI-TS 特征空间，构造了温度植被干旱指数（Temperature Vegetation Dryness Index，TVDI）。特征空间法目前使用最广的方法之一。

该模式表达为：

$$TVDI = (LST-LST_{min}) / (LST_{max}-LST_{min})$$

式中，LST_{max}（干边）表示当 NDVI 等于某一特定值时，地表温度的最大值；LST_{min}（湿边）表示当 NDVI 等于某一特定值时，地表温度的最小值；LST 表示任一像元地表温度。

T_{smin} 和 T_{smax} 同时进行线性回归，得到干、湿边方程为：

湿边方程：$T_{smin} = a \times NDVI + b$

干边方程：$T_{smax} = c \times NDVI + d$

式中，a、b、c、d 为干湿边的拟合系数。

a、b 表示湿边方程的截距和斜率；c、d 表示干边方程的截距和斜率。

TVDI 的值域为 [0，1]。TVDI 的值越大，表示土壤湿度越低，TVDI 越小，表示土壤湿度越高。

2.4　微波遥感法

微波遥感具有全天时、全天候的优势。合成孔径雷达卫星发射的电磁波与可见光和热红外相比，对土壤水分的变化更为敏感。微波遥感法是基于土壤介电常数变化，土壤水分的变化会引起土壤介电常数的变化，土壤介电常数的变化引起微波比辐射率发生变化，微波遥感监测就是通过这种微波辐射亮度、地表后向散射系数，或者主被动联合进行土壤含水量的反演实现的。所以，土壤的热辐射可以通过被动微波遥感记录地表亮温度的方法来监测，从而达到监测土壤含水量的目的。Moereman B 等[9]针对土壤含水量的监测和在裸土或植被覆盖率较低地区的后向散射系数与土壤含水量的相关性，利用卫星雷达在两个不同空间尺度的区域做了分析。Bindlish

$R^{[10]}$根据积分模型，在原有的基础上提高了实测土壤水分与遥感获取到的反演数据的相关系数。

3. 农业干旱遥感监测现状、面临的挑战与展望

在航空遥感技术的铺垫下，农业遥感干旱监测研究萌芽于 20世纪 60 年代，不断得到深化标志为极轨气象卫星、陆地资源卫星数据的广泛应用。近年来，农业干旱遥感监测在方法、模型、算法以及数据处理和分析技术等方面取得了一系列的研究进展。遥感监测方法的改进和创新使得干旱监测更加准确和实用。模型和算法的发展提高了干旱监测的精度和效率。数据处理和分析技术的进展使得大规模数据处理和空间分析变得更加可行。同时，多源数据的融合与综合分析也为干旱监测提供了更全面的信息和洞察。

尽管农业干旱遥感监测取得了一定的研究进展，但仍存在一些局限性和挑战。

(1) 遥感数据精度和分辨率的限制

连续的无云影像获取比较困难。其中光学遥感数据需要在无云的晴朗天气下获取，微波波段不受云雨、光照条件限制，可以全天候观测，但是微波在土壤水分监测上更敏感，反演地表土壤湿度受地表粗糙度、植被影响较大，因此将来需要深入研究如何突破遥感数据的精度和分辨率的限制的问题。

(2) 单项干旱指数反演能力有限

作物的品质会影响产量下降，土壤水分不足会导致作物生长受阻，但作物的生长生理过程非常复杂，在不同的生长阶段，不同的作物对水分需求状况也不同，土壤水分不足不是影响作物产量的唯一因素，因此，单纯的干旱指数也不能实现对作物生长过程的攻台模拟。如何综合多源数据，对干旱胁迫台条件下作物生长模型的研究也是未来的研究方向之一。

(3) 地表表征和土壤参数获取的困难、模型验证和结果解译的难题，以及数据共享和国际合作的挑战

进一步提高农业干旱遥感监测的可靠性和适应性，克服地表表征和土壤参数获取的困难、模型验证和结果解译的难题仍是未来研究的重要方向。未来，农业干旱监测在技术和应用方面仍有许多发展的空间。其中包括基于机器学习和人工智能的智能监测方法的发展、高分辨率和大数据处理技术的应用、融合多源数据和多尺度监测方法的研究以及农业干旱监测与决策支持系统的结合。进一步提高农业干旱监测的效率和准确性，为农业生产提供更好的支持和保障。

4. 结语

农业干旱是目前我国农业生产中的主要制约因素，本文详细综述了农业干旱遥感监测的研究进展。通过对各种遥感技术和指标的介绍，我们深入剖析了农业干旱现象的监测原理和方法，揭示了其在农业生产和资源管理中的重要性和应用前景。同时，我们分析了现有研究中存在的问题和挑战，并提出了未来研究的方向和可行性建议。

研究发现，遥感技术在农业干旱监测领域具有独特的优势，但仍然存在一些技术难题和数据处理问题需要解决。希望本文的综述能够为相关研究者和决策者提供参考，推动农业干旱遥感监测领域的进一步发展。

参考文献

［1］ 杨世琦，高阳华，易佳. 干旱遥感监测方法研究进展［J］. 高原山地气象研究，2010，30（2）：75-78.

［2］ WILHITE D A. Drought as a natural hazard：Concepts and definitions ［J］. Drought A Global Assessment，2000（1）：3-18.

［3］ LUCAS I F，JF RANS J M，WEL V D. Accuracy assessment of satellite derived land-cover data：a review ［J］. Photogram Metric Engineering and Remote Sensing，1994，60（4）：410-432.

［4］ 张学艺，张晓煜，李剑萍，等. 我国干旱遥感监测技术方法研究进

展 [J]. 气象科技, 2007, 35 (4): 574-578.

[5]　韩宇平, 张功瑾, 王富强. 农业干旱监测指标研究进展 [J]. 华北水利水电学院学报, 2013, 34 (1): 74-78.

[6]　李新尧, 杨联安, 聂红梅, 等. 基于植被状态指数的陕西省农业干旱时空动态 [J]. 生态学杂志, 2018, 37 (4): 1172-1180.

[7]　韩东, 王鹏新, 张悦, 等. 农业干旱卫星遥感监测与预测研究进展 [J]. 智慧农业 (中英文), 2021, 3 (2): 1-14.

[8]　SANDHOLT I, RASMUSSEN K, ANDERSEN J. A simple interpretation of the surface temperature/vegetation index space for assessment of surface moisture status [J]. remote sensing of environment, 2002, 79 (2): 213-224.

[9]　MOEREMANS B, DAUTREBANDE S. Soil moisture evaluation by means of multi-temporal ERSSAR PRI images and inter-ferometric coherence [J]. Journal of Hydrology, 2000, 234: 162-169.

[10]　BINDLISH R. Parameterization of vegetation backscatter in radar-based, soil moisture estimation [J]. Remote Sensing of Environmen, 2001, 76 (1): 130-137.

本章参考文献

陈云浩, 李晓兵, 史培军, 等, 2001. 北京海淀区植被覆盖的遥感动态研究 [J]. 植物生态, 25 (5): 588-593.

郭建坤, 黄国满, 2005. 1998—2003 内蒙古地区土地覆被动态变化分析 [J]. 资源科学, 27 (6): 84-89.

梅安新, 彭望禄, 秦其明, 等, 2001. 遥感导论 [M]. 北京: 高等教育出版社.

蒙继华, 2006. 农作物长势遥感监测指标研究 [D]. 北京: 中国科学院.

田庆久, 闵祥军, 1998. 植被指数研究进展 [J]. 地球科学进展, 13 (4): 327-333.

JENSEN J R, 2000. Remote Sensing of the Environment: An Earth Resourc Perspective [M]. New Jersey: Prentice Hall.

LUCAS I F, JF RANS J M, WEL V D, 1994. Accuracy assessment of satellite derived land-cover data: a review [J]. Photogram Metric Engineering and Remote Sensing, 60 (4): 410-432.

第五章 展 望

经过对遥感技术与智慧农业的探讨和阐述，相信读者对遥感技术与智慧农业已有初步了解。回首整本书的内容，著者深感其对于现代农业发展的深远影响，以及对于提升农业生产效率、保护环境、促进可持续发展的巨大潜力。

遥感技术以其独特的观测视角和数据处理能力，为智慧农业的发展提供了强大的技术支持。通过遥感技术，可以实现对农田的精确监测，包括作物生长状况、土壤湿度、病虫害发生情况等，为农业生产提供了全面、准确的数据支持。同时，遥感技术还可以进行资源评估、环境监测和灾害预警，为农业生产的可持续发展提供有力的保障。

高光谱和超高光谱传感器的研制和应用，新的遥感信息模型的研制将是未来遥感技术发展的重要方向。遥感信息模型是遥感应用深入发展的关键，应用遥感信息模型，可计算和反演对实际应用非常有价值的农业参数。在过去几年中，尽管人们发展了许多遥感信息模型，如绿度指数模型、作物估产模型、农田蒸散估算模型、土壤水分监测模型、干旱指数模型及温度指数模型等，但远不能满足当前遥感应用的需要，因此发展新的遥感信息模型仍然是当前遥感技术研究的前沿。如收集整理前人大量研究结果，进一步分析明确决定作物品质的主要生化组分及其与品种和环境条件之间的关系，建立植株叶绿素、氮素及水分等主要环境因子与作物籽粒蛋白、淀粉特性相关的农学机理和模型，着重研究作物营养器官碳氮库、碳氮运转效率与籽粒品质指标间的关系；构建作物品质特征光谱参量识别模型、光谱反演模型和作物品质光谱数据库，建立基于光谱数据库的多尺度（光谱、空间、时间）、多平台（地面平台、卫星平台）作物品质遥感信息模拟与评价模型；建立农学模型与遥感模型之间的链接模型，开发出具有预测预报功能的作物品质光谱和卫星监测信息系统，并以优质高效为目标，建立基于遥感信息的调优栽培体系及预测预报系统。

智慧农业则是遥感技术在农业领域的应用和延伸。通过运用物联网、大数据、云计算等现代信息技术，智慧农业可以实现农业生产的智能化、精准化和高效化。智慧农业不仅可以提高农作物的产量和品质，还可以降低农业生产成本，减少环境污染，提升农业的综合效益。

农业智慧化是生物体及环境等农业要素、生产经营管理等农业过程的智慧化，是一场深刻革命。近年来，智慧农业快速发展，建立了网络化数字农业技术平台，在农业数字信息标准体系、农业信息采集技术、农业空间信息资源数据库、农作物生长模型、动植物数字化虚拟设计技术、农业问题远程诊断、农业专家系统与决策支持系统、农业远程教育多媒体信息系统、嵌入式手持农业信息技术产品、环境智能控制系统、数字化农业宏观监测系统、农业生物信息学方面的基础研究和应用示范上，取得了重要的阶段性成果。通过不同地区应用示范，初步形成了数字农业技术框架和数字农业技术体系、应用体系和运行管理体系，促进了农业信息化和农业现代化进程。

展望今后一段时期，智慧农业发展将迎来难得机遇。从国际上看，全球新一轮科技革命、产业革命方兴未艾，全球数字化信息化迅猛发展，数据暴发增长、海量聚集，目前进入了新的大数据发展阶段。世界各国将推进经济数字化作为实现创新发展的重要动能，把数字技术广泛应用于整个农业生产活动和经济环境，加快推进智慧农业发展，激活智慧农业经济，迅速成为智慧农业强国。从国内看，党中央、国务院高度重视网络安全和信息化工作，大力推进数字中国建设，实施数字乡村战略，加快 5G 网络建设进程，为发展智慧农业提供了有力的政策保障。未来，围绕系统认知分析、精准动态感知、数据科学的关键技术，在广泛应用 5G、农机农艺与人脑深度融合、机器换人等领域下大力气，突破农业领域的数字科技，特别是在耕地质量大数据、耕地健康诊断技术、生态良田构建技术、土壤生物多样性保护和耕地养护技术、耕地系统演化模拟仿真技术，是重构全球数字创新版图不可或缺的一环。

当然，遥感技术与智慧农业的发展还面临着诸多挑战和机遇。

在新技术的应用方面，未来农业遥感技术和智慧农业将更多地采用新技术，如区块链、5G、卫星互联网等，这些新技术可以提高信息传输速度和准确性；在系统集成的发展方面，未来农业遥感技术和智慧农业的发展将更注重系统集成，把多个技术信息汇集起来，建立更完善的决策支持系统；在数据的深度应用方面，未来农业遥感技术和智慧农业的发展将更多地关注数据的深度应用，如利用人工智能技术对农业数据进行分析和预测；在产业链的整合方面，未来农业遥感技术和智慧农业的发展需要更多地整合产业链，提高农产品的附加值和质量，帮助农民实现经济可持续性发展。

需要进一步探索遥感技术在农业领域的应用模式，加强遥感数据的处理和分析能力，提升智慧农业系统的智能化水平。同时，还需要加强与其他领域的合作与交流，共同推动遥感技术与智慧农业的发展。

在不久的将来，遥感技术与智慧农业将会成为推动农业现代化、实现乡村振兴的重要力量。让我们携手共进，共同开创遥感技术与智慧农业的美好未来！